Colecção que procura reunir tratados sucintos, mas exactos, sobre as várias disciplinas do saber, num equilíbrio entre o rigor académico e a divulgação dos temas junto de um público não tão especializado, mas não menos interessado.

TÍTULO ORIGINAL
Philippe Thiry
Notions de logique

TRADUÇÃO
António Hall

REVISÃO
Pedro Elói Duarte

DESIGN DE CAPA
FBA

DEPÓSITO LEGAL nº 310752/10

Biblioteca Nacional de Portugal - Catalogação na Publicação

THIRY, Philippe

Noções de lógica. - (Compêndio)
ISBN 978-972-44-1355-6

CDU 164

PAGINAÇÃO. IMPRESSÃO E ACABAMENTO
PENTAEDRO
para
EDIÇÕES 70, LDA.
em
Maio de 2010

ISBN: 978-972-44-1355-6
ISBN DA 1ª EDIÇÃO: 972-44-0969-4

EDIÇÕES 70, Lda.
Rua Luciano Cordeiro, 123 – 1º Esqº - 1069-157 Lisboa / Portugal
Telefs.: 213190240 – Fax: 213190249
e-mail: geral@edicoes70.pt

www.edicoes70.pt

NOÇÕES DE LÓGICA

PHILIPPE THIRY

NOÇÕES DE LÓGICA

TRADUÇÃO: ANTÓNIO HALL

Introdução

A lógica. De que se trata? Para que serve? Como abordar o seu estudo?

1 DE QUE SE TRATA?

Não é necessário, e é até mesmo provavelmente inútil, iniciar um estudo de lógica tecendo longas considerações teóricas sobre o domínio da lógica, os seus meios, os seus limites, os seus métodos. Estas questões são demasiado complexas e só podem ser realmente percebidas na própria prática da ciência lógica. Algumas informações preliminares serão amplamente suficientes para despertar nos espíritos curiosos o desejo de uma pequena visita que se arrisca talvez a prolongar-se... Uma vez que é necessário começar por definir a lógica, escutemos alguns mestres na matéria:

> *«A lógica é sobretudo a disciplina que trata da inferência correcta. Tradicionalmente formal, quer dizer, separada do conteúdo material dos enunciados que analisa, formalizou-se recentemente, ou seja, dotou-se de um simbolismo artificial decalcado do da matemática.»* L. VAX, in *Lexique. Logique*, verb. «lógica».

A inferência é o raciocínio por dedução, operação que se apoia num ou em vários enunciados verdadeiros para aceder a um ou vários enunciados verdadeiros. A referência à matemática indica que a lógica implica a noção de constrangimento ou de necessidade; quando os dados de base ou premissas são colocados, a conclusão impõe-se necessariamente. Resumindo, não podemos concluir aquilo que queremos! É provavelmente por isso que a lógica nem sempre é muito apreciada...

«A lógica pode ser definida como a ciência que investiga os princípios gerais do pensamento válido. O seu objecto é discutir as características dos juízos, encarando-os não enquanto fenómenos psicológicos, mas como expressando os nossos conhecimentos e crenças...» – Keynes, Formal Logic, Introdução § 1.

KEYNES salienta dois aspectos importantes da lógica: a investigação das regras de coerência ou de validade e a análise formal que se interessa pelo tratamento do conhecimento e não pelo seu conteúdo material.

«A lógica é (...) a análise dessa parte do raciocínio que depende da maneira como as inferências são formadas... Neste sentido, nada tem a ver com a verdade de factos, opiniões ou pressupostos da qual deriva uma inferência.» – DE MORGAN, *Gormal Logic,* Capítulo 1.

Mais uma vez, a insistência no carácter dedutivo e formal da lógica.

«A lógica formal é uma ciência que determina quais as formas correctas (ou válidas) de raciocínio.» J. DOPP, *Notions de Logique Formelle,* Introdução.

Mais adiante, o autor apresenta o raciocínio como um esforço do pensamento que conduz a um conhecimento novo a partir de outros conhecimentos e sem o contributo de nova informação.

«Como todas as ciências, a tarefa da lógica é procurar a verdade. O que é verdadeiro são certos enunciados; e a procura da verdade é o esforço para separar os enunciados verdadeiros dos outros, daqueles que são falsos.» W. V. O. QUINE, *Methods of Logic*, Introdução.

De uma maneira original, QUINE considera que a lógica é uma ciência como as outras, ao passo que muitos autores consideram que ela é, em primeiro lugar, uma ferramenta (*organon*) para as ciências. A menos que não exista outra ciência além da lógica...

«Poderíamos definir a lógica como a ciência das regras que legitimam a utilização da palavra "portanto".» B. RUYER *Logique,* Introdução.

Esta abordagem original transporta de novo a lógica para órbita da linguagem natural, aspecto que talvez a distinga do formalismo matemático.

Poder-se-ia também sugerir que a lógica é o «jogging» da mente, a afirmação do primado da razão, a arte de revelar as asneiras (tão numerosas!) em todos os tipos de *media*, o regresso às origens da ciência informática, etc.

2 PARA QUE SERVE?

Uma resposta pouco especulativa, mas evidente, impõe-se imediatamente – a lógica não é:

biológica	zoológica	geológica
tipológica	meteorológica	arqueológica
etimológica	farmacológica	tecnológica
fisiológica	topológica	ginecológica
bacteriológica	grafológica	sociológica
morfológica	ecológica	ornitológica
etnológica	psicológica	cronológica
teológica	etiológica	...

3 COMO ABORDAR O SEU ESTUDO?

A lógica clássica compreende geralmente duas partes: a lógica das proposições e a lógica dos predicados.

A primeira toma como unidade de base a proposição que exprime um acontecimento ou um facto: «a casa é vermelha», «Pedro escala uma montanha». As unidades de base ou proposições atómicas podem ser combinadas para formarem proposições moleculares. A lógica das proposições estuda todas as associações possíveis: é uma lógica interproposicional.

A segunda parte toma como unidade de base os termos no interior da proposição que exprime uma relação entre objectos ou conjuntos de objectos. É a lógica dos predicados ou lógica intraproposicional.

O Capítulo 1 estuda a lógica das proposições ou lógica interproposicional, ou lógica das proposições não-analisadas. Esta parte importante da lógica moderna retoma e desenvolve as ideias dos ESTÓICOS (século III a.C.) relativas à lógica dos juízos compostos.

O Capítulo 2 estuda a antiga lógica dos predicados.
Trata-se de uma visão geral da lógica natural clássica desde ARISTÓTELES (século IV a.C.) até LEIBNIZ (século XVII), passando por TOMÁS DE AQUINO (século XIII.). Esta lógica é apelidada de «natural» porque funciona a partir da linguagem corrente.

O Capítulo 3 estuda a lógica moderna dos predicados ou a lógica dos quantificadores, ou lógica das proposições analisadas. Retoma a lógica aristotélica, desenvolvendo-a e formulando-a numa forma simbólica e, portanto, mais rigorosa.

O Capítulo 4 estuda as lógicas não-clássicas.

Nos três primeiros capítulos, todas as operações lógicas assentam em dois valores de verdade: o verdadeiro e o falso. O capítulo 4 menciona sucintamente algumas lógicas não binárias.

Cada capítulo está dividido em unidades de estudo, cada uma delas dividida em cinco pontos.

1. Objectivos

Este primeiro ponto fixa as etapas a efectuar no estudo do curso.

2. Termos-chave

A descrição destes termos constitui um excelente resumo da unidade. O desconhecimento dos termos está na origem da maioria das dificuldades. A primeira ferramenta do estudante, seja qual for o seu curso, é um bom dicionário!

3. Teoria

A teoria fornece algumas ferramentas de trabalho, sem pretender ser exaustiva. Por exemplo, privilegiámos o método dos grafos relativamente ao método axiomático ou ao método da dedução natural, porque o primeiro é mais sistemático no seu desenvolvimento e, portanto, mais adaptado a quem se inicia na lógica.

4. Exercícios

Exercícios corrigidos, comentados, propostos. Não há lógica sem exercícios, papel, lápis e paciência!

5. Contextualização científica

Estes termos englobam algumas reflexões mais gerais de carácter histórico, filosófico ou epistemológico, para lembrar que a lógica não é um saber isolado e que o conhecimento ganha sempre quando se estabelecem ligações entre domínios de reflexão aparentemente distintos.

4 A LÓGICA NO QUOTIDIANO

Antes de começar a formação teórica, podemos pôr já o cérebro a trabalhar e recorrer ao bom senso de todos os dias para resolver os seguintes problemas:

1. Um mecânico tem de trocar os vagões A e B (cada um com 10 m de comprimento) com a ajuda de uma locomotiva C (com 20 m de comprimento). As distâncias wx e yz são de 20 m, e as outras distâncias de mais de 50 m. A locomotiva pode empurrar ou puxar os vagões, mas só pode manobrar um vagão de cada vez. Além disso, os vagões não podem fazer curvas inferiores a 45°. Assim, o vagão A tem de passar pela distância wx para avançar para a distância xy. Ajude o maquinista em apuros!

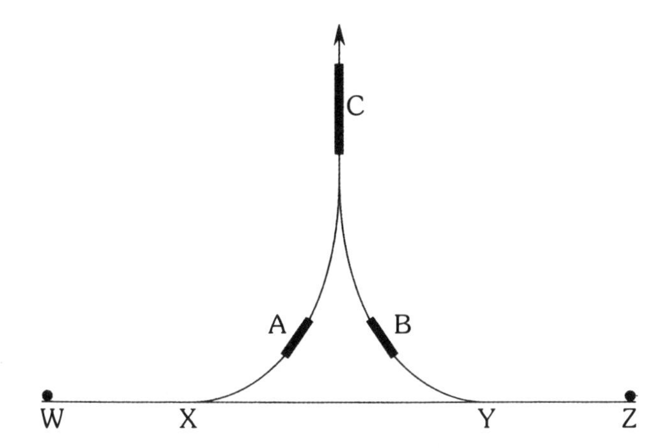

2. Disponho de 9 berlindes com o mesmo volume, mas um deles é um pouco mais leve e isso só pode ser verificado na balança. Disponho de uma balança de 2 pratos e posso fazer duas pesagens. Como fazer para escolher o berlinde mais leve?

3. Considerem-se 3 casas diante de 3 centrais (de água, de gás e de electricidade). Como realizar as instalações num mesmo plano sem que os tubos se cruzem?

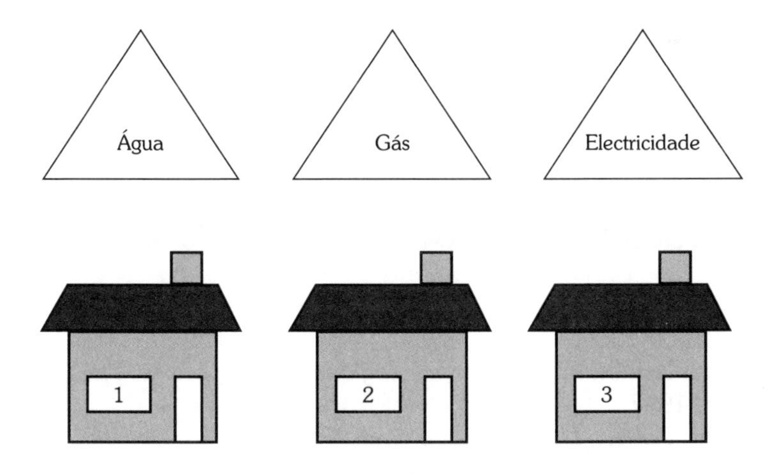

4. Num saco estão 10 meias brancas e 10 meias pretas. Quantas meias é preciso tirar para termos a certeza de que possuímos um par de meias da mesma cor? E para sabermos se possuímos um par de cores diferentes? O mesmo problema com luvas.

5. Durante uma exploração, Júlio descobre três divindades numa gruta: uma é o deus da sinceridade, que proclama sempre a verdade; outra o deus da mentira, que proclama sempre o falso; e a outra é o deus da diplomacia, que por vezes proclama a verdade e outras vezes a mentira.
   Cada deus toma a palavra:
   A diz: «B é o deus da sinceridade».
   B diz: «Eu sou o deus da diplomacia».
   C diz: «B é o deus da mentira».
   Afinal, quem é quem?

6. O Maurício mente quando diz que mente. Podemos admitir que nessa altura diz a verdade?

7. Há três pessoas (A-B-C) dispostas umas atrás das outras, de tal maneira que C não vê ninguém, B vê C, A vê B e C. Cada uma pôs um chapéu que tirou ao acaso de uma caixa que continha três chapéus pretos e dois chapéus brancos. Cada pessoa dispõe desta informação, mas não vê o seu próprio chapéu. A e B são incapazes de saber logicamente a cor do seu próprio chapéu. E quanto a C?

8. Lógica e circulação rodoviária.
   As estatísticas revelam que 35% dos acidentes graves se devem à condução sob o efeito do álcool. Podemos então interrogar-nos se não será melhor beber quando conduzimos para evitar a percentagem mais elevada (65%) relativa aos condutores sóbrios que sofrem acidentes graves. Do mesmo modo, não podemos raciocinar da seguinte maneira: quanto menos se está na estrada, menos acidentes se sofre. Quanto mais depressa se conduz, menos tempo se está na estrada. Portanto, quanto mais depressa se conduz, menos acidentes se sofre...

5 ALGUMAS LEITURAS ACONSELHADAS

ARISTÓTELES, *Organon*, (5 vols.), tradução e notas de J. Tricot, Paris, Vrin, 1965-1969.

BLANCHE, Robert, *Introduction à la logique contemporaine*, Paris, Armand Collin, 1957.

BLANCHE, Robert, *L'Axiomatique*, Paris, P.U.F., 1955.

BOOLE, George, *An Investigation of The Laws of Thought*, Nova Iorque, Dover Publications, 1958.

CARNAP, Rudolf, *Introduction to Symbolic Logic and its Applications*, Nova Iorque, Dover Publications, 1958.

CHENIQUE, François, *Comprendre la logique moderne*, (2 vols.), Paris, Bordas, 1974.

CHENIQUE, François, *Eléments de logique classique*, (2 vols.), Paris, Bordas, 1975.
CHURCH, Alonzo, *Introduction to Mathematical Logic*, Princeton University Press, 1956.
DOPP, Joseph, *Notions de logique formelle*, Paris, Béatrice Nauwelaerts, 1967.
GARDIES, Jean Louis, *La logique du temps*, Paris, P.U.F., 1975.
GRIZE, Jean-Blaise, *Logique moderne*, (2 vols.), Paris, Gauthier-Villars, 1971.
HODGES, Wilfrid, *Logic*, Penguin Books, 1977.
JEFFREY, Richard, *Formal Logic: its scope and limits*, Nova Iorque, McGraw Hill, 1967.
KLEENE, Stephen, *Logique mathématique*, Paris, Armand Collin, 1971.
LACHELIER, Jules, *Études sur le syllogisme*, Paris, 1907.
MARTIN, Roger, *Logique contemporaine et formalisation*, Paris, P.U.F., 1964.
QUINE, Willard V. O., *Méthodes de logique*, Paris, Armand Collin, 1972.
REICHENBACH, Hans, *Introduction à la logistique*, Paris, Hermann, 1939.
SUPPES, Patrick, *Introduction to Logic*, Princeton, N. J., D. Van Nostrand Company, 1957.
TARSKI, Alfred, *Introduction à la logique*, Paris, Gauthier-Villars, 1969.
TRICOT, J., *Traité de logique formelle*, Paris, Vrin, 1966.
VAX, Louis, *Lexique-Logique*, Paris, P.U.F., 1982.
VIRIEUX-REYMOND, Antoinette, *La logique formelle*, Paris, P.U.F., 1967.

Capítulo 1

Lógica das proposições

INTRODUÇÃO

As proposições aqui tratadas são enunciados declarativos (ou verificativos) susceptíveis de um único valor de verdade: verdadeiro ou falso. Estes dois valores excluem-se mutuamente. Cada proposição é representada por uma variável proposicional: *p, q, m... Numa mesma expressão ou num mesmo raciocínio, duas referências de uma mesma variável representam uma mesma proposição, mas duas variáveis diferentes podem representar a mesma proposição.*

A primeira unidade estuda o método das tabelas de verdade, que permite uma primeira análise das expressões lógicas moleculares formadas a partir das proposições simples ou atómicas.

A segunda unidade estuda os silogismos não categóricos ou raciocínios de proposições compostas.

A terceira unidade estuda algumas equivalências fundamentais na lógica das proposições, de maneira a apresentar a ciência lógica como uma ciência da transformação da informação.

A quarta unidade estuda o método dos grafos, que permite uma análise sistemática das expressões lógicas. Preferimo-lo ao método de dedução natural, que é talvez mais subtil, mas que supõe já um certo desembaraço no universo da lógica.

A quinta unidade apresenta algumas informações teóricas sobre o método axiomático.

A sexta unidade apresenta alguns aspectos sumários da álgebra binária de BOOLE de modo a fazer a ligação com a lógica dos predicados.

1 O MÉTODO DAS TABELAS DE VERDADE

1.1 Objectivos

O estudo desta unidade permitirá:

1. construir uma tabela de verdade a partir de uma função de verdade;
2. deduzir a natureza lógica desta função: lei lógica, fórmula contingente, contradição;
3. conhecer algumas leis lógicas correntes.

1.2 Termos-chave

Expressão proposicional – função de verdade – conjunção – disjunção – incompatibilidade – equivalência – implicação – lei lógica – fórmula contingente – contradição – operador – conector – tautologia – terceiro excluído – transitividade – comutatividade – refutação por absurdo – dilema – idempotência – distributividade – retorsão – contraposição.

1.3 Teoria

1.3.1 *A noção de «função de verdade»*

Considere-se a variável proposicional «p». Ex.: a casa é vermelha.
Considere-se a variável proposicional «q». Ex.: Pedro fuma cachimbo.
Considerem-se os operadores proposicionais seguintes:
«é falso que», «e», «ou» simbolizados pelos sinais seguintes:

«$\sim$», «$\wedge$», «$\vee$».

Considere-se uma expressão proposicional do tipo:

$$\sim (p \wedge q) \vee m.$$

Chama-se «*função de verdade*» a uma expressão proposicional cujo valor de verdade é função do valor de verdade da sua ou das suas variáveis proposicionais (as obras clássicas de lógica utilizam a noção de «variável proposicional» ou de «argumento proposicional»). Assim, a proposição com dois argumentos (variáveis) «O Maurício crê que a casa é vermelha» não é uma função de verdade porque o seu valor de verdade depende unicamente da primeira parte – «O Maurício crê» – e de modo nenhum da segunda parte – «a casa é vermelha». A lógica das proposições não-analisadas limita-se ao estudo sistemático das funções de verdade.

1.3.2 *As funções de verdade com um argumento (variável)*

a A função afirmação

«é verdade que p»

O operador afirmativo não necessita de qualquer símbolo especial e, portanto, esta função pode ser representada muito simplesmente por «p».

b A função negação

«é falso que p»

O operador negador é um operador prefixo que se coloca antes do argumento. Esta função pode ser representada assim: «$\sim$ p» ou «$\neg$p» e até mesmo «$\overline{p}$».

É evidente que: se p é verdadeiro, $\sim$ p é falso
se p é falso, $\sim$ p é verdadeiro.

Nota: em lógica, atribui-se 1 ao verdadeiro
e 0 ao falso.

1.3.3 *As funções de verdade com dois argumentos (variáveis)*

As funções com um argumento admitem duas possibilidades: o argumento é verdadeiro (1) ou falso (0).

As funções com dois argumentos admitem quatro possibilidades, que apresentamos convencionalmente na ordem seguinte:

p	q
1	1
1	0
0	1
0	0

Para as funções de verdade com três argumentos existem oito possibilidades (2^3), 16 (2^4) para as funções de quatro argumentos e assim sucessivamente.

a A função conjunção

O operador conjuntor lê-se «e». É representado pelo signo «∧» e colocado entre os dois argumentos (operador infixo): (p ∧ q).
Certos lógicos representam-no mais simplesmente: (p • q), ou nem sequer o representam (p q).

A função conjunção é verdadeira quando os dois argumentos são verdadeiros; é falsa em todos os outros casos.

p	q	p ∧ q
1	1	1
1	0	0
0	1	0
0	0	0

b A função disjunção

O operador disjuntor lê-se «ou». Existem duas acepções possíveis. A primeira acepção é o *«ou» inclusivo* para significar «quer um, quer o outro, quer ambos simultaneamente».

Exemplo: «Pedro virá ou Paulo virá». A função disjunção inclusiva é representada por (p ∨ q); é verdadeira quando p é verdadeiro ou quando q é verdadeiro, ou quando p e q são verdadeiros; é falsa quando p e q são falsos.

A segunda acepção é o *«ou» exclusivo* «W» para significar «quer um com exclusão do outro, quer o outro com exclusão do primeiro» ou ainda «ou... ou...».

Exemplo: «Ou Pedro virá ou Paulo virá» A função disjunção exclusiva é representada por (p W q); é verdadeira quando p é verdadeiro e q é falso, ou quando p é falso e q verdadeiro; é falsa nos dois outros casos.

p	q	p ∨ q	p W q	
1	1	1		0
1	0	1		1
0	1	1		1
0	0	0		0

c A função incompatibilidade

«p incompatibilidade q» é representado por «p | q» e significa que p e q não podem ser verdadeiros conjuntamente.
Isto corresponde à lógica das proposições contrárias (cf. o ponto 3 do capítulo 2: Teoria da inferência imediata).

p	q	p | q
1	1	0
1	0	1
0	1	1
0	0	1

d A função equivalência

O operador de equivalência lê-se «se e somente se» ou ainda «equivale a». É representado pelo signo «⇔» colocado entre os dois argumentos. A equivalência é por vezes chamada «bicondicional». É verdadeira se e somente se os dois argumentos têm o mesmo valor de verdade.

p	q	p ⇔ q
1	1	1
1	0	0
0	1	0
0	0	1

e A função implicação

O operador implicador lê-se «Se..., então...»: Se p, então q. O primeiro argumento é o antecedente e o segundo o consequente. Este operador é representado pelo signo «⇒» e coloca-se entre os dois argumentos: (p ⇒ q). Os valores de verdade desta função um pouco enigmática assentam em dois princípios lógicos fundamentais, a saber: o verdadeiro só pode implicar o verdadeiro e o falso pode implicar o falso ou o verdadeiro.
Isto dá os seguintes valores de verdade:

p	q	p ⇒ q
1	1	1
1	0	0
0	1	1
0	0	1

Isto significa que a função de implicação é verdadeira quando o antecedente é falso (e falso *sequitur quodlibet*) e quando o antecedente é verdadeiro se o consequente for verdadeiro. É ao nível desta função de implicação que nos apercebemos melhor da diferença entre a lógica natural de ARISTÓTELES e a lógica formal clássica, pois esta já não dá importância ao conteúdo da proposição. Com efeito, para o lógico moderno, a expressão $(p \Rightarrow q)$ pode ser ilustrada da seguinte maneira: «Se dois mais dois são cinco, então a Lua é um queijo». Esta implicação é verdadeira uma vez que o antecedente é falso. O lógico moderno aceita tal proposição como verdadeira. Compreendemos facilmente por que razão os filósofos-lógicos sofrem por vezes da incompreensão do seu meio...

Nota: a conjunção «porque» não é um operador, pois não permite fixar o valor de verdade da proposição molecular (composta) a partir do valor de verdade das proposições atómicas (simples). Considere-se a proposição molecular: «A Lua é um satélite porque é redonda». É falsa e cada uma das suas proposições atómicas é verdadeira.
Considere-se a proposição molecular: «A Lua é um satélite porque gira em volta da terra». É verdadeira e cada uma das suas proposições atómicas é verdadeira.

1.3.4 *Os 16 operadores binários*

É possível estudar a lógica das proposições de um modo mais artificial, mas mais sistemático, construindo todas as tabelas de verdade possíveis através de um cálculo combinatório elementar. Já não se trata, portanto, de procurar um operador correspondente a esta ou àquela conjunção da linguagem natural, mas de calcular o número de relações lógicas ou operadores possíveis entre duas proposições.
Numa lógica em que as proposições são verdadeiras ou falsas, a partir de duas proposições é possível formar 16 operações binárias que correspondem a todos os casos possíveis da tabela de verdade com 4 linhas.

p	q	1	2	3	4	5	6	7	8	9	10	11	12	13	14	15	16
1	1	1	1	1	1	1	1	1	1	0	0	0	0	0	0	0	0
1	0	1	1	1	1	0	0	0	0	1	1	1	1	0	0	0	0
0	1	1	1	0	0	1	1	0	0	1	1	0	0	1	1	0	0
0	0	1	0	1	0	1	0	1	0	1	0	1	0	1	0	1	0

A operação (2) é a disjunção inclusiva. A operação (5) é a implicação. A operação (7) é a equivalência. A operação (8) é a conjunção. Note-se que os 8 últimos operadores são a negação dos 8 primeiros e reciprocamente.

Assim, «é falso que o Pedro é grande ou belo» (2) equivale a «o Pedro não é nem grande nem belo» (15). Do mesmo modo, «é falso que o facto de ser belo equivale ao de ser feio» (7) equivale a «ou somos belos, ou somos feios» (10). Ou ainda, «não podemos ser magistrados e jogar num casino» (8) equivale a «o facto de ser magistrado é incompatível com o de jogar num casino» (9). O operador (4) repete os valores de p e o operador (6) repete os valores de q. O operador (1) indica que a função é sempre verdadeira, independentemente dos valores de verdade dos seus argumentos. Este género de operador indica que a função de verdade é uma lei lógica, ou seja, que é sempre verdadeira, independentemente dos valores de verdade dos seus argumentos. Do mesmo modo, a negação do operador (1) é o operador (16), que indica a contradição. O operador (15) corresponde à conjunção «nem..., nem...».

1.3.5 *A avaliação das funções de verdade*

Avaliar uma função de verdade é indicar o valor de verdade que ela assume em todos os casos possíveis determinados pelos valores de verdade das diferentes variáveis. Como proceder na prática?

Na coluna esquerda inscrevemos todos os casos possíveis: dois se existe apenas uma variável, quatro para duas variáveis, oito para três variáveis, 2^n para *n* variáveis. Para se deduzir o valor de verdade de cada função de verdade, começamos pela mais pequena até reconstruirmos completamente a função de verdade que devemos avaliar. Atenção à posição dos parêntesis, que desempenham evidentemente um papel determinante na estrutura da função de verdade!
Um exemplo vale mais do que mil discursos!

$$[\underbrace{(p \Rightarrow q)}_{D} \Leftrightarrow \underbrace{(\underbrace{(p \vee \underbrace{\sim q}_{C})}_{E} \wedge p)}_{F}]$$

Considere-se a função de verdade a avaliar:

p	q	$\sim q$	$p \Rightarrow q$	$p \vee \sim q$	$(p \vee \sim q) \wedge p$	$(p \Rightarrow q) \Leftrightarrow ((p \vee \sim q) \wedge p))$
1	1	0	1	1	1	1
1	0	1	0	1	1	0
0	1	0	1	0	0	0
0	0	1	1	1	0	0
A	B	C	D	E	F	G

As colunas A e B fixam os quatro casos possíveis.

A coluna C avalia a negação de B.

A coluna D tira as conclusões da implicação $A \Rightarrow B$.

A coluna E tira as conclusões da disjunção $A \vee C$.

A coluna F tira as conclusões da conjunção $E \wedge A$.

A coluna G tira as conclusões gerais retomando toda a função que é a equivalência $D \Leftrightarrow F$.

Comentário da avaliação

A tabela de verdade efectuada para avaliar a função mostra que esta é verdadeira quando p e q são verdadeiros (1.º caso). É falsa em todos os outros casos. Trata-se, portanto, de uma fórmula *contingente*. Quando uma função de verdade é verdadeira em todos os casos, trata-se de uma *lei lógica*. Com efeito, torna-se então inútil recorrer à experiência, uma vez que sabemos que ela é sempre verdadeira, aconteça o que acontecer. A função de verdade é uma *contradição* se for falsa em todos os casos.

1.3.6 *Algumas leis lógicas clássicas*

1. $p \vee \sim p$
   Terceiro excluído.
2. $[(p \Rightarrow q) \wedge (q \Rightarrow m)] \Rightarrow (p \Rightarrow m)$
   Transitividade da implicação.
3. $(p \Leftrightarrow q) \Leftrightarrow (q \Leftrightarrow p)$
   Comutatividade da equivalência.
4. $[(p \Rightarrow q) \wedge (p \Rightarrow \sim q)] \Leftrightarrow \sim p$
   Refutação por absurdo.
5. $[(p \Rightarrow q) \wedge (\sim p \Rightarrow q)] \Leftrightarrow q$
   Dilema.
6. $\sim(p \wedge \sim p)$
   Princípio da não-contradição.
7. $(p \wedge q) \Leftrightarrow (q \wedge p)$
   Comutatividade da conjunção.
8. $(p \Rightarrow q) \Rightarrow [p \Rightarrow (q \vee m)]$
   Atenuação de um consequente. Quem mais pode, menos pode.
9. $[(p \Rightarrow q) \wedge p] \Rightarrow q$
   Condicional *modus ponens*.
10. $[(p \Rightarrow q) \wedge \sim q] \Rightarrow \sim p$
    Condicional *modus tollens*.

11. $\sim\sim p \Leftrightarrow p$
    Princípio da dupla-negação = afirmação.
12. $(p \wedge p) \Leftrightarrow p$
    Idempotência da conjunção.
13. $p \wedge (q \vee r) \Leftrightarrow (p \wedge q) \vee (p \wedge r)$
    Distributividade da conjunção em relação à disjunção.
14. $p \vee (q \wedge r) \Leftrightarrow (p \vee q) \wedge (p \vee r)$
    Distributividade da disjunção em relação à conjunção.
15. $(\sim p \Rightarrow p) \Rightarrow p$
    Lei da retorsão.
16. $(p \Rightarrow q) \Leftrightarrow (\sim q \Rightarrow \sim p)$
    Contraposição.
17. $(p \wedge \sim p) \Rightarrow q$
    Ex falso sequitur quodlibet.
18. $[p \Rightarrow (q \Rightarrow r)] \Leftrightarrow [(p \wedge q) \Rightarrow r\,]$
    Lei da importação.

1.4 Exercícios

1. Avaliar a função seguinte pelo método das tabelas de verdade:
$[(p \Rightarrow q) \wedge (\sim p \Rightarrow q)] \Leftrightarrow q$
Resposta:

p	q	$\sim p$	$p \Rightarrow q$	$\sim p \Rightarrow q$	$(p \Rightarrow q) \wedge (\sim p \Rightarrow q)$	$[(p \Rightarrow q) \wedge (\sim p \Rightarrow q)] \Leftrightarrow q$
1	1	0	1	1	1	1
1	0	0	0	1	0	1
0	1	1	1	1	1	1
0	0	1	1	0	0	1

Conclusão: Trata-se de uma lei lógica, quer dizer, de uma função de verdade que é verdadeira em todos os casos.
Comentário: A construção da tabela de verdade pode ser mais rápida fixando imediatamente os valores de verdade debaixo dos conectores (ou operadores) e das variáveis (ou argumentos).

$[(p$	$\Rightarrow$	$q)$	$\wedge$	$(\sim p$	$\Rightarrow$	$q)]$	$\Leftrightarrow$	q
1	1	1	1	0	1	1	1	1
1	0	0	0	0	1	0	1	0
0	1	1	1	1	1	1	1	1
0	1	0	0	1	0	0	*1	0

A conclusão (*) corresponde ao operador principal (o último a ser avaliado). Este processo é menos metódico, mas mais rápido. Em todo o caso, com o hábito, um simples olhar deve bastar para que o principiante de lógica reconheça esta lei lógica corrente a que chamamos «o dilema».

2. A mesma questão: $[(p \Rightarrow q) \wedge (q \Rightarrow m)] \Rightarrow (p \Rightarrow m)$
Resposta:

p	q	m	$p \Rightarrow q$	$q \Rightarrow m$	$(p \Rightarrow q) \wedge (q \Rightarrow m)$	$(p \Rightarrow m)$	$[(p \Rightarrow q) \wedge (q \Rightarrow m)] \Rightarrow (p \Rightarrow m)]$
1	1	1	1	1	1	1	1
1	1	0	1	0	0	0	1
1	0	1	0	1	0	1	1
1	0	0	0	1	0	0	1
0	1	1	1	1	1	1	1
0	1	0	1	0	0	1	1
0	0	1	1	1	1	1	1
0	0	0	1	1	1	1	1

Conclusão: Lei lógica: transitividade da implicação. Uma vez que existem 3 argumentos (p, q, m), é preciso encarar oito possibilidades (2^3).

3. Mesma questão: $(p \Rightarrow p) \Rightarrow p$
Resposta:

p	$p \Rightarrow p$	$(p \Rightarrow p) \Rightarrow p$
1	1	1
0	1	0

Conclusão: Função contingente. Só é verdadeira se p for verdadeiro.
Comentário: Um único argumento. Só há duas possibilidades a encarar (2^1).

4. Mesma questão: $p \Rightarrow (p \Rightarrow p)$
Resposta:

p	$p \Rightarrow p$	$p \Rightarrow (p \Rightarrow p$
1	1	1
0	1	0

Conclusão: Lei lógica.
Comentário: Comparando os exercícios 3 e 4, apercebemo-nos da importância primordial dos parêntesis numa expressão proposicional. Antes de se efectuar qualquer análise, é preciso atender à posição dos parêntesis na expressão para situar bem as subfórmulas dentro da fórmula global. Alguns lógicos consideram que toda a expressão proposicional (ou fórmula) correcta deve ser fechada entre parêntesis.

5. Avaliar a função de verdade sabendo que p, q e r são verdadeiros e que s e t são falsos.
$(p \Leftrightarrow q) \Leftrightarrow [(t \Rightarrow r) \vee p]$
Resposta:

$$
\begin{array}{ccccccccc}
(p & \Leftrightarrow & q) & \Leftrightarrow & [(t & \Rightarrow & r) & \vee & p] \\
1 & & 1 & & 0 & & 1 & & 1 \\
 & & & & & 1 & & & \\
 & 1 & & \Leftrightarrow & & & & 1 &
\end{array}
$$

Comentário: Atenção. Nada prova que esta função de verdade seja uma lei lógica. Neste exercício, a análise autoriza-me a dizer que é verdadeira no caso preciso em que p, q e r são verdadeiros e t falso. Existem ainda 15 outras possibilidades a estudar: $(2)^4$ -1.

6. Outros exercícios possíveis: basta retomar as leis lógicas mencionadas mais acima: a última coluna da tabela de verdade só deve comportar o valor 1. E se a sede de exercícios ainda não estiver saciada, basta colocar em equivalência todas estas leis lógicas entre si para obter novas leis lógicas. Ou então avance-se um pouco na matéria para abordar temas mais refinados...

1.5 Contextualização científica

Os caprichos da implicação

A função implicação é um pouco enigmática e suscitou muitos comentários. Os quatro casos possíveis são os seguintes:

p	q	$p \Rightarrow q$
1	1	1
1	0	0
0	1	1
0	0	1

Os dois primeiros casos parecem depender do bom senso: é certo (1) que o verdadeiro produz o verdadeiro e é errado (0) afirmar que o verdadeiro produz o falso. As coisas são menos claras para os dois últimos casos e não é evidente admitir que a implicação é sempre verdadeira quando o antecedente é falso. Esta situação é paradoxal: por um lado, o bom senso lógico impõe esta solução e, por outro, esta solução conduz a situações que o bom senso não pode admitir.

1. O bom senso lógico impõe esta solução: com efeito: se recusarmos a solução proposta (3.º caso = 1 e 4.º caso = 1), restam 3 possibilidades:
   1. 3.º caso = 0 e 4.º caso = 0. Impossível porque neste caso a implicação equivale à conjunção.
   2. 3.º caso = 0 e 4.º caso = 1. Impossível porque neste caso a implicação equivale à equivalência.
   3. 3.º caso = 1 e 4º caso = 0. É preciso, então, recusar outra evidência, a saber: a contraposição: $(p \Rightarrow q) \Leftrightarrow (\sim q \Rightarrow \sim p)$ «se o Pedro fala, existe» equivale a «se o Pedro não existe, não fala».

2. Ora, o que o bom senso dá com uma mão, tira-o com a outra, uma vez que a solução proposta conduz a impasses como o que apresentamos aqui: certos filósofos (CARNAP) tentam traduzir a linguagem corrente em linguagem lógica para fundamentarem as teorias científicas sobre a experiência sensível e a lógica. Como traduzir «o açúcar é solúvel na água»? Considere-se S = solúvel na água, W = mergulhado na água, D = dissolve-se. Assim, poderemos facilmente traduzir o enunciado da seguinte maneira: $Sx = (t)\ (Wtx \Rightarrow Dtx)$

O que significa: o açúcar (x) é solúvel (S) se e somente se em todo o instante t se dissolver (D) quando estiver mergulhado na água (W). Mas, se não mergulhamos o açúcar na água no instante t, Wtx é falso e, portanto, a implicação é verdadeira, logo Sx é verdadeira. Assim, graças aos caprichos da implicação, verificamos o carácter solúvel do açúcar de cada vez que não o mergulhamos na água.

2 OS SILOGISMOS NÃO CATEGÓRICOS

2.1 Objectivos

Um silogismo é um raciocínio composto por vários juízos. Um juízo é uma expressão linguística composta por um sujeito, uma cópula e um predicado. Exemplo: a casa (sujeito) é (cópula) vermelha (predicado). Este tipo de juízo é simples ou categórico. Quando associamos dois ou mais juízos simples obtemos um juízo composto ou molecular, ou não categórico. Exemplo: se a casa é vermelha, os habitantes são felizes. Os silogismos não categóricos são raciocínios em que intervêm juízos não categóricos, que se apresentam geralmente sob a forma de juízos hipotéticos, conjuntivos ou disjuntivos.

O estudo desta unidade permitirá dominar as formas mais correntes do raciocínio lógico: o silogismo hipotético, o silogismo conjuntivo, o silogismo disjuntivo, o dilema. Estes termos algo amedrontadores referem-se a mecanismos lógicos cuja elegância e subtileza originam muitos sofismas (erros lógicos).

2.2 Termos-chave

Sujeito – cópula – predicado – silogismo hipotético ou condicional – antecedente – consequente – condição necessária – condição suficiente – *modus ponens* – *modus tollens* – contraposição – silogismo conjuntivo ou incompatibilidade – silogismo disjuntivo ou alternativa – inclusivo – exclusivo – dilema.

2.3 Teoria

2.3.1 *O silogismo hipotético ou condicional*

Exemplo: *Maior:* se o Pedro fala, existe. $(p \Rightarrow q)$

Menor: ora, o Pedro fala. p

Conclusão: portanto, o Pedro existe. q

A maior coloca uma hipótese, uma relação de implicação entre um antecedente e um consequente. A menor afirma ou nega um dos dois membros da hipótese e determina assim as duas figuras possíveis do silogismo hipotético.

Maior:	p ⇒ q	(se p, então q)
Menor:	seja eu afirmo p	(x)
	seja eu nego q	(y).
Conclusão:	portanto, eu afirmo q	(x)
	portanto, eu nego p	(y).

Estas duas únicas figuras (x e y) do silogismo hipotético são intuitivamente evidentes se admitimos que o antecedente da maior formula é uma **condição suficiente**, enquanto que o consequente da maior formula é uma **condição necessária**. Assim, é necessário que «o Pedro exista» para que «o Pedro fale»; portanto, se ele não existe, não fala; mas se ele não existe, não posso deduzir que fala. Em contrapartida, se ele fala, posso deduzir que existe; mas se não fala, não posso deduzir que não existe.

As duas formas do silogismo hipotético podem ser resumidas da seguinte maneira:

1.º p ⇒ q (antecedente ⇒ consequente)
p
—
q

Ou ainda, p ⇒ q, ou p, então q. É o exemplo citado no início deste ponto. Esta figura chama-se ***modus ponnens***, do latim *ponere* (colocar): colocando p, coloco q.

2.º p ⇒ q
~q
—
~p

Ou ainda, p ⇒ q, ora não q, portanto não p. Se o Pedro fala, existe; ora ele não existe, portanto não fala. Esta figura chama-se ***modus tollens***, do latim *tollere* (retirar): retirando q, retiro p. Esta segunda figura permite-nos compreender uma característica do juízo condicional.

Considere-se o seguinte exemplo:

Maior: se este homem não trabalha, não recebe salário. Esta maior pode ser formalizada: ~p ⇒ ~q, em que p é «este homem trabalha» e q «recebe um salário».

Menor: este homem recebe um salário.

Formalização: q (ou negação do consequente).

Conclusão: p (ou negação do antecedente): este homem trabalha. Isto mostra que podemos inverter os termos do juízo hipotético depois de terem sido negados: $(p \Rightarrow q) \equiv (\sim q \Rightarrow \sim p)$.

É a lei lógica da *contraposição* (a equivalência pode ser representada pelo símbolo $\equiv$ ou $\Leftrightarrow$).

NOTA: Em certos casos, o «se» pode ser compreendido como uma equivalência. Precisemo-lo pois:

$p \Rightarrow q$	$p \Leftrightarrow q$
Se, então	Se e somente se

No caso da equivalência, os dois elementos do juízo condicional são as condições necessárias e suficientes.
Neste caso e somente neste caso, existem 4 figuras possíveis para o silogismo.

1.º $p \Leftrightarrow q$, p — q 2.º $p \Leftrightarrow q$, q — p } MODUS PONENS

3.º $p \Leftrightarrow q$, $\sim p$ — $\sim q$ 4.º $p \Leftrightarrow q$, $\sim q$ — $\sim p$ } MODUS TOLLENS

Exemplo: *Maior:* se me deres 50 cêntimos, dou-te esta maçã.

Menor: ora, tu não me dás 50 cêntimos.

Conclusão: portanto, não te dou esta maçã.

Este silogismo é incorrecto se considerarmos que a maior é uma implicação simples (se, então...), mas é correcto se considerarmos que a maior é uma equivalência (se e somente se). Por vezes, a linguagem natural conserva o equívoco, e para o resolver deve-se precisar o operador que liga os dois argumentos. Expressões como «se e somente se», «a condição necessária e suficiente», «por definição», «é necessário e suficiente», correspondem à equivalência.

2.3.2 *O silogismo conjuntivo ou incompatibilidade*

Trata-se de um silogismo em que a maior é a negação da conjunção, o que corresponde à incompatibilidade entre os elementos da conjunção. Os dois elementos são contrários, o que significa que não podem ser ambos verdadeiros, mas podem ser ambos falsos. Por conseguinte, existe apenas uma figura ou ***ponendo-tollens***, que consiste em colocar um dos dois elementos na menor para excluir o outro na conclusão.

Maior: tu não podes estudar (p) e divertir-te (q) simultaneamente.

Menor: ora, tu divertes-te (q).

Conclusão: portanto, não estudas ($\sim$p)

Ou ainda,

Menor: ora, tu estudas (p).

Conclusão: portanto, não te divertes ($\sim$q).

Estas duas formas da figura ***ponendo-tollens*** podem ser resumidas como se segue:

Maior:	$\sim(p \vee q)$	$\sim(p \wedge q)$
Menor:	p	q
Conclusão:	$\sim q$	$\sim p$

No caso da incompatibilidade, a negação da menor não implica a afirmação do outro argumento. Com efeito, podemos dormir em vez de estudar ou divertirmo-nos. O domínio de verdade da maior cobre a parte não tracejada do esquema em baixo:

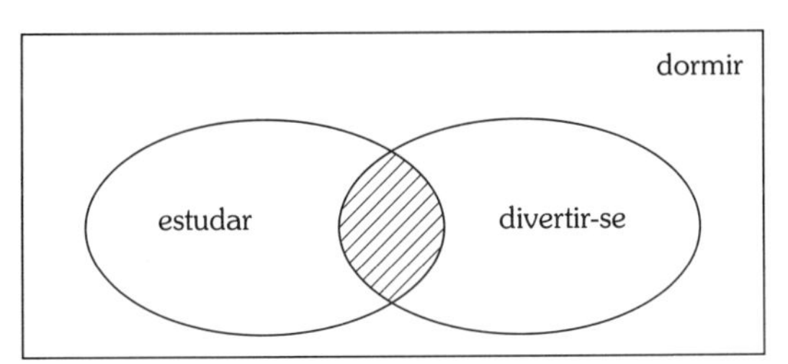

2.3.3 *O silogismo disjuntivo ou alternativo*

A maior deste silogismo é construída sobre o «ou exclusivo», simbolicamente notado com W. Este «ou exclusivo» significa quer um em detrimento de outro e reciprocamente. O juízo disjuntivo exclusivo mais clássico é «uma porta está aberta ou fechada». A partir deste exemplo, compreendemos facilmente que pode haver 4 figuras possíveis para um silogismo com uma tal maior:

1. Ora, está aberta; portanto não está fechada.
2. Ora, está fechada; portanto não está aberta.

3. Ora, não está aberta; portanto está fechada.
4. Ora, não está fechada: portanto está aberta.

Tudo isto pode ser simbolizado da seguinte maneira:

1.º	p w q p — ~ q	2.º	p w q q — ~ p	MODUS PONENS
3.º	p w q ~p — q	4.º	p w q ~q — p	MODUS TOLLENS

Note-se que o silogismo disjuntivo exclusivo pode funcionar com uma maior de mais de duas hipóteses, sendo evidente que a afirmação de uma exclui necessariamente as outras, o que não acontece na disjunção inclusiva. Do mesmo modo, a negação de uma mantém a possibilidade das outras.

Exemplos:

1. Este ano, o seu aniversário é terça, ou quarta, ou sexta-feira.
   Ora, é terça-feira.
   Portanto, não pode ser nem quarta, nem sexta-feira.
2. Este ano, o seu aniversário é terça, ou quarta, ou sexta-feira.
   Ora, não é quarta-feira.
   Portanto, é terça ou sexta-feira.

No primeiro silogismo, a conclusão é conjuntiva negativa, enquanto que a conclusão do segundo é disjuntiva.

2.3.1 *O dilema*

A maior é uma proposição disjuntiva que propõe uma alternativa. Cada proposição desta maior conduz à mesma conclusão. Portanto, esta conclusão impõe-se necessariamente, uma vez que a alternativa esgota todas as possibilidades (verdadeiro-falso). O dilema só é evidentemente válido em situações binárias, ou seja, quando uma 3ª possibilidade está excluída. Um dilema célebre é o de BIAS, um dos Sete Sábios da Grécia:

- *Se vos casardes, desposareis uma mulher bela ou uma mulher feia.*
- *Se ela é bela, sereis ciumentos.*
- *Se ela é feia, não a amareis.*
- *Portanto, não vos caseis.*

O dilema pode ser formalizado de várias maneiras:

Forma geral: $[(p \Rightarrow) \wedge (\sim p \Rightarrow q)] \Leftrightarrow q$

Variantes: $[((p \Rightarrow m) \wedge (q \Rightarrow m)) \wedge (p \vee q)] \Rightarrow m$

$[((p \Rightarrow q) \vee (p \Rightarrow m)) \wedge (\sim q \wedge \sim m))] \Rightarrow \sim p$

$[((p \wedge q) \Rightarrow m) \wedge ((p \wedge \sim q) \Rightarrow m)] \Rightarrow (p \Rightarrow m)$

O dilema é um raciocínio frequentemente utilizado nas fórmulas condensadas, que assentam nos mecanismos que acabamos de mencionar.
Exemplo: recusar a filosofia é também filosofar!
Se considerarmos p = filosofar, a afirmação pode portanto ser formalizada da maneira seguinte: $[(p \Rightarrow q) \wedge (\sim p \Rightarrow p)] \Leftrightarrow p$. Poderíamos também considerar que se trata de um exemplo de retorsão $(\sim p \Rightarrow p) \Rightarrow p$.

2.4 Exercícios

2.4.1 *Traduzir em linguagem simbólica*

Método: – atribuir uma letra precisa a cada argumento reduzido a uma proposição afirmativa.
– fixar os conectores (operadores).

1. Só recebemos salário se tivermos um emprego.
s = receber salário.
e = ter um emprego.
$s \Leftrightarrow e$. Equivalência.

2. É muito caro se for de ouro.
c = ser caro.
o = ser de ouro.
$o \Rightarrow c$. Implicação.
O facto de existirem objectos muito caros que não são de ouro mostra bem que, na sua acepção corrente, a frase é uma implicação e não uma equivalência.

3. Se negligenciarmos os trabalhos escolares, sofreremos as consequências.
n = negligenciarmos os trabalhos escolares.
p = sofrermos as consequências.
$n \Rightarrow p$
ou $\sim(n \wedge \sim p)$
Podemos verificar a equivalência destas duas fórmulas por uma tabela de verdade.

4. Só seremos músicos completos se aprendermos a ler pautas e a tocar um instrumento.
m = ser músico completo.
l = ler pautas.
t = tocar um instrumento.
$m \Rightarrow (l \wedge t)$

ou por contraposição
$\sim(l \wedge t) \Rightarrow \sim m$

5. Para que este envelope tenha sido aberto, é necessário que o João tenha sido informado, a menos que o Pedro se tenha esquecido de o colar.
e = o envelope está aberto.
j = João é informado.
p = o Pedro esqueceu-se.
$e \Rightarrow (j \vee p)$

Nota: As soluções dos exercícios seguintes encontram-se no fim do livro.

6. O João gosta da Maria, mas a Maria não lhe retribui o amor.
7. O João e a Maria não se amam, nem um nem o outro.
8. Por definição, uma mesa é um móvel com quatro pernas.
9. Quando os gatos dormem, os ratos dançam.
10. Não podemos votar com menos de 18 anos.

2.4.2 *Os raciocínios seguintes são válidos? Justifique a sua resposta.*

1. Para não falhar este exercício, é necessário manter a cabeça fria.
Ora, você não perde a cabeça.
Portanto, não falhará o exercício.
Resposta:
f = falhar este exercício.
m = manter a cabeça fria.
$\sim f \Rightarrow m$
m
—
?
A conclusão «você não falhará o exercício» não é admitida.

2. Não é possível ouvir a música de Schumann sem emoção.
E a Amélia não consegue conter as suas lágrimas.
Portanto, ela está ouvir a música de Schumann.
Resposta:
l = ouvir a música de Schumann.
e = emocionar-se, ou seja, chorar
$l \Rightarrow e$
e
—
?
O silogismo não permite concluir nem sobretudo afirmar que Amélia ouve a música de Schumann.
Nota: A primeira premissa poderia ser igualmente analisada como uma incompatibilidade: não podemos ouvir a música de Schumann e simultaneamente não nos emocionarmos.
$\sim (l \wedge \sim e)$
e
—
?

3. Para ser sedutor, basta usar um laço.
Ora, o Alfredo não é sedutor.
Portanto, não usa um laço.
Resposta:
s: ser sedutor
l = usar laço
l ⇒ s
~s
— (***tollendo tollens***)
~n A conclusão «O Alfredo não usa laço» é permitida. O silogismo é válido.

4. É necessário e suficiente que chova para que o caracol saia.
Ora, o caracol sai.
Portanto, chove.
Resposta:
É suficiente que chova para que o caracol saia.
– se chove, então o caracol sai.
É necessário que chova para o caracol sair.
– se o caracol sai, então chove.
Por outras palavras, o caracol só sai se chover.
se o caracol sai, então está a chover
Por conseguinte, a primeira premissa é uma dupla condicional ou equivalência.
c = chove
s = o caracol sai
c ⇔ s
s
—
c A conclusão «portanto chove» é permitida. O silogismo é válido.

5. Se o meu raciocínio é válido, não falharei o meu exercício.
Ora, ou falho o meu exercício ou a lógica é fácil.
Mas a lógica não é fácil.
Portanto, o meu raciocínio não é válido.
Resposta:
r = raciocínio válido
f = falhar o exercício
l = lógica é fácil
r ⇒ ~f
f W l
~l
—
f
— (modus ponens)
~r (*modus tollens*), logo, a conclusão
«o meu raciocínio não é válido» é permitida. O silogismo é válido.

6. – Se o preço da gasolina diminuir, o mercado de automóveis cresce.
– Ou o preço da gasolina diminui, ou os países árabes bloqueiam-no.
– Se os países árabes o bloqueiam, os americanos desvalorizam o dólar.
– Ora, eles não desvalorizam o dólar.
– Portanto, o mercado de automóveis cresce.
Resposta:
p = o preço da gasolina diminui
m = o mercado de automóveis cresce

b = os países árabes bloqueiam os preços
d = os americanos desvalorizam o dólar
O raciocínio torna-se: — p ⇒ m
— p W b
— b ⇒ d
— ~d
——
Portanto, ~b (*tollendo tollens*)
Portanto, p (*tollendo ponens*)
Portanto, m (*ponendo ponens*)
A conclusão m «o mercado de automóveis cresce» é, portanto, permitida. O silogismo é válido.

As soluções dos exercícios seguintes encontram-se no fim do livro.

7. Ninguém pode estudar e ver televisão. A Mélanie vê televisão. Portanto, não estuda.
8. Não se pode ser alpinista sem ser intrépido. Ora, eu sou intrépido. Portanto, sou alpinista.
9. Para ganhar esta corrida, bastaria correr muito depressa. Ora, ganhei esta corrida. Portanto, corri muito depressa.
10. Se somos livres, então somos completamente responsáveis pelos nossos actos. Se somos responsáveis pelos nossos actos, então não faremos nada que possa impedir a liberdade dos outros. E se não fazemos nada que impeça a sua liberdade, não podemos fazer tudo o que queremos. Ora o Júlio é livre. Portanto, não pode fazer tudo o que quer.
11. Se comemos muito, engordamos É impossível que simultaneamente engordemos e estejamos em boa forma física. Ora, se o organismo funciona perfeitamente, tanto no plano metabólico quanto muscular, então estamos em boa forma física. E se estamos em boa forma física, então estamos de boa saúde. E se o exame médico for satisfatório, então o organismo funciona perfeitamente. Ora, a Maria teve resultados satisfatórios no exame médico. Portanto, está em boa forma física. Portanto, não engordou. Portanto, não come muito. Portanto, está de boa saúde.
Em compensação, o João não come muito. E diz, portanto, que não engorda. E é por isso que ele pensa que está em boa forma física e, portanto, de boa saúde.
12. É evidente que só um lógico poderia resolver este problema; uma vez que existe uma contradição entre alardear a própria inteligência e ter falta de convicções pessoais e como não podemos ser simultaneamente lógicos e destituídos de inteligência, este homem com falta de convicções pessoais conseguiu resolver este problema?

2.5 Contextualização científica

A lógica dos estóicos

A lógica dos silogismos não-categóricos tem a sua origem na lógica estóica. A escola estóica foi fundada por Zenão de Citium (335-264). CRÍSIPO, nascido em 281 e falecido em Atenas em 205, é um dos seus membros mais célebres. É-lhe atribuída a redacção de 705 tratados entretanto desaparecidos. A lógica estóica prefigura magistralmente a lógica moderna das proposições, a tal ponto que o estudo dos silogismos não-categóricos pode ser considerado o estudo das leis lógicas da lógica proposicional moderna. Ao insistir na noção de acontecimento ou de facto singular, o nominalismo estóico afasta-se do raciocínio silogístico de ARISTÓTELES (cf. o capítulo 2). O silogismo categórico raciocina a partir de objectos situados em classes. No juízo categórico «Os homens são mortais» situamos a classe de objectos «homens» na classe dos «objectos mortais». CRÍSIPO recusa estes jogos de abstracção e debruça-se sobre a noção de acontecimento e de relação entre acontecimentos. À lógica dos juízos categóricos opõe uma lógica dos juízos não-categóricos ou compostos. Trata-se, portanto, de uma lógica das proposições que funciona a partir de axiomas, que os estóicos denominam os «cinco indemonstráveis». Em *Traité de logique formelle* (VRIN, Paris, 1966), TRICOT apresenta-os da seguinte maneira:

1. Se temos a primeira qualidade, temos a segunda. Ora temos a primeira. Portanto, temos a segunda. *Modus ponens.*

2. Se temos a primeira qualidade, temos a segunda. Ora não temos a segunda. Portanto, não temos a primeira. *Modus tollens* ou contraposição do *modus ponens.*

3. Não temos simultaneamente a primeira e a segunda qualidade. Ora temos a primeira. Portanto, não temos a segunda. Incompatibilidade ou negação da conjunção.

4. Temos a primeira ou a segunda qualidade. Ora, temos a primeira. Portanto, não temos a segunda. Disjunção exclusiva ou alternativa.

5. Temos a primeira ou a segunda qualidade. Não temos a segunda. Portanto, temos a primeira. Disjunção inclusiva. Note-se que o quinto «axioma» é ambíguo e que podemos simbolizá-lo por um «ou exclusivo» e por um «ou inclusivo».

3 ALGUMAS EQUIVALÊNCIAS FUNDAMENTAIS

3.1 Objectivos

O estudo desta unidade permitirá transformar uma fórmula lógica noutra fórmula lógica equivalente. Este método intelectual importante comporta uma tripla vantagem.

1. Demonstra que a lógica é essencialmente uma teoria da transformação da informação.
2. Simplifica fórmulas complexas para facilitar o tratamento da informação.
3. Esclarece o sentido de um conector a partir de outros conectores.

3.2 Termos chaves

Leis de De Morgan – comutatividade – associatividade – distributividade – idempotência – absorção – contracção – forma normal conjuntiva – forma normal disjuntiva – dupla negação.

3.3 Teoria

3.3.1 *As leis de De Morgan*

Estas leis permitem transformar as conjunções em disjunções e reciprocamente. Nestas duas proposições:

p: Eric estuda.
q: Vanessa estuda.

Há quatro situações possíveis a partir destes dados:

1. $p \wedge q$: Eric estuda e Vanessa estuda.
2. $\sim p \wedge q$: Eric não estuda e Vanessa estuda.
3. $p \wedge \sim q$: Eric estuda e Vanessa não estuda.
4. $\sim p \wedge \sim q$: Eric não estuda e Vanessa não estuda.

Notemos em primeiro lugar que $(\sim p \wedge \sim q)$ não equivale a $\sim(p \wedge q)$. De facto, a expressão $\sim(p \wedge q)$ equivale a $(\sim p \vee \sim q)$. Especifiquemos um pouco a partir das formulações seguintes.

A. $\sim(p \wedge q)$: é falso que p e q.
B. $\sim p \wedge \sim q$: é falso que p e é falso que q.
C. $\sim(p \vee q)$: é falso que p ou q.
D. $\sim p \vee \sim q$: é falso que p ou é falso que q.

O leitor atento terá compreendido imediatamente que a primeira (A) e a última (D) destas quatro expressões são equivalentes; o mesmo se aplica à segunda e à terceira. Estas equivalências ou leis de De Morgan permitem reduzir as disjunções a conjunções e reciprocamente. Estas leis de De Morgan podem ser facilmente verificadas pelo método clássico da avaliação das funções de verdade que acabámos de estudar.

$$\sim(p \wedge q) \Leftrightarrow \sim p \vee \sim q$$
$$\sim(p \vee q) \Leftrightarrow \sim p \wedge \sim q.$$

3.3.2 *Transformação da implicação e da equivalência*

Tal como a disjunção (ou), a implicação ($\Rightarrow$) e a equivalência ($\Leftrightarrow$) podem ser reduzidas a conjunções e a negações. Vimos que a função de verdade $(p \Rightarrow q)$ é falsa quando p é verdadeiro e q é falso o que pode ser traduzido simbolicamente por $\sim(p \wedge \sim q)$

$$\text{Portanto, } (p \Rightarrow q) \Leftrightarrow \sim(p \wedge \sim q)$$

Do mesmo modo, a expressão $(p \Leftrightarrow q)$ ou equivalência pode ser vista como uma simples abreviatura de $(p \Rightarrow q) \wedge (q \Rightarrow p)$. Podemos, a partir daqui, reduzir também a equivalência a conjunções e a negações: $(p \Leftrightarrow q) \Leftrightarrow [\sim(p \wedge \sim q) \wedge \sim(q \wedge \sim p)]$. Por conseguinte, torna-se agora evidente que a negação e a conjunção constituem uma linguagem suficiente para todas as funções de verdade concebíveis. Notemos ainda que o lógico SHEFFER demonstrou que podemos reduzir todas as funções de verdade à função incompatibilidade.

3.3.3 *Transformação da disjunção exclusiva*

Vimos que a expressão (p ou q) pode ser interpretada no sentido inclusivo $(p \vee q)$ ou no sentido exclusivo $(p\ W\ q)$. Este último sentido significa «p excluindo q, ou q excluindo p» o que equivale a «p e $\sim q$ ou q e $\sim p$», quer dizer, sob a forma simbólica: $(p \wedge \sim q) \vee (\sim p \wedge q)$.
Obtemos, portanto, a equivalência:

$$(p\ W\ q) \quad \Leftrightarrow [(p \wedge \sim q) \vee (\sim p \wedge q)]$$
$$\Leftrightarrow \sim[\sim(p \wedge \sim q) \wedge \sim(\sim p \wedge q)]$$

por aplicação da lei de De Morgan, que transforma a disjunção em conjunção.

3.3.4 *Outras transformações clássicas*

1. $(p \Rightarrow q) \Leftrightarrow (\sim p \vee q)$

2. $(\sim\sim p) \Leftrightarrow p$
   ou lei da *dupla negação*

3. $(p \wedge q) \Leftrightarrow (q \wedge p)$
   $(p \vee q) \Leftrightarrow (q \vee p)$
   Comutatividade da conjunção e da disjunção, o que significa que a ordem dos termos é indiferente para os conectores $\wedge$ e $\vee$.

4. $p \wedge (q \wedge m) \Leftrightarrow (p \wedge q) \wedge m$
   $p \vee (q \vee m) \Leftrightarrow (p \vee q) \vee m$
   Associatividade da conjunção e da disjunção, o que significa que a utilização dos parêntesis é livre e, portanto, inútil no interior da fórmula.

5. $p \wedge (q \vee m) \Leftrightarrow (p \wedge q) \vee (p \wedge m)$
   $p \vee (q \wedge m) \Leftrightarrow (p \vee q) \wedge (p \vee m)$
   Distributividade da conjunção relativamente à disjunção, e da disjunção relativamente à conjunção.

6. $(p \wedge p) \Leftrightarrow p$
   $(p \vee p) \Leftrightarrow p$
   Idempotência da conjunção e da disjunção, o que significa que podemos suprimir as repetições na conjunção ou na disjunção.

7. Considere-se q uma proposição verdadeira e r uma proposição falsa, então:
   $(p \wedge q) \Leftrightarrow p$
   $(p \vee r) \Leftrightarrow p$
   $(p \wedge r) \Leftrightarrow r$ (falso)
   $(p \vee q) \Leftrightarrow q$ (verdadeiro)
   Estas leis de *simplificação* são evidentes se as compararmos com a lógica da conjunção e da disjunção estudadas a unidade 1.

8. $p \vee (p \wedge q) \Leftrightarrow p$
   $p \wedge (p \vee q) \Leftrightarrow p$
   A lei de *absorção*, o que significa que um argumento isolado absorve o conector $\vee$ ou $\wedge$ se este último ligar o argumento a uma fórmula que o contém de novo numa relação $\wedge$ ou $\vee$. Neste caso, o valor de p (1 ou 0) determina o valor da totalidade da fórmula (expressão proposicional).

Nota: É infrutífero estudar mecanicamente estas fórmulas, pois serão rapidamente esquecidas. Para as compreendermos e dominarmos, devemos traduzi-las em termos operatórios da linguagem corrente: O que fazem elas? Para que servem? Que transformação operam?

3.3.5 *As formas normais*

1. Uma expressão proposicional é uma *forma normal conjuntiva* se for uma conjunção de disjunções. Os termos da disjunção podem ser afirmados ou negados.
   Exemplo: $(p \vee \sim q) \wedge (p \vee m) \wedge \sim m$

2. Uma expressão proposicional é uma *forma normal disjuntiva* se for uma disjunção de conjunções. Os termos da conjunção podem ser afirmados ou negados.
   Exemplo: $(m \wedge p \wedge r) \vee (p \wedge \sim q) \vee (m \wedge q)$

Qualquer expressão proposicional pode sempre ser transformada em forma normal conjuntiva ou em forma normal disjuntiva graças às leis de De Morgan. Do mesmo modo, as leis da distributividade permitem transformar uma forma normal conjuntiva em forma normal disjuntiva, e reciprocamente. Estas transformações são um simples jogo mental e permitem submeter formas complexas a um programa de computador para estabelecer a sua validade ou não-validade.

3.4 Exercícios

3.4.1 *Reduzir a conjunções e (ou) negações*

1. $p \vee q$
resposta $\sim(\sim p \wedge \sim q)$

2. $(p \Rightarrow q) \vee r$
resposta 1ª etapa ($\Rightarrow$)
$\Leftrightarrow \sim(p \wedge \sim q) \vee r$
2ª etapa ($\vee$)
$\Leftrightarrow \sim [(p \wedge \sim q) \wedge \sim r]$

3. $\sim(\sim p \Rightarrow \sim q)$
resposta $\sim p \wedge q$

4. $(p \vee q) \Leftrightarrow r$
resposta $\Leftrightarrow [(p \vee q) \Rightarrow r] \wedge [r \Rightarrow (p \vee q)]$
$\Leftrightarrow \sim[(p \vee q) \wedge \sim r] \wedge \sim[r \wedge \sim(p \vee q)]$
$\Leftrightarrow \sim[\sim(\sim p \wedge \sim q) \wedge \sim r] \wedge \sim[r \wedge (\sim p \wedge \sim q)]$

Outros exercícios.

1. Escolher uma expressão proposicional (fórmula). **2.** Reduzir essa expressão a conjunções e negações ou disjunções e negações. **3.** Verificar a resposta através de uma tabela de verdade (unidade 1).

3.4.2 *As proposições seguintes são equivalentes (a bicondicional é uma lei lógica)? Verifique-o através de uma tabela de verdade ou de uma lei de equivalência.*

1. A. A Margarete não toma decisões importantes se não sonhar que é Cleópatra.
   B. A Margarete não toma decisões importantes ou sonha ser Cleópatra.
   Resposta:
   p: A Margarete toma decisões importantes.
   c: A Margarete sonha ser Cleópatra.
   A. $p \Rightarrow c$
   B. $\sim p \vee c$.

A tabela de verdade confirma a equivalência destas duas expressões:

p	c	$p \Rightarrow c$	$\sim p$	$\sim p \vee c$	$(p \Rightarrow c) \Leftrightarrow (\sim p \vee c)$
1	1	1	0	1	1
1	0	0	0	0	1
0	1	1	1	1	1
0	0	1	1	1	1

2. A. Leibniz ou Newton descobriram a gravitação.
   B. Não podemos dizer que nem Leibniz nem Newton não descobriram a gravitação.
   Resposta:
   l: Leibniz descobriu a gravitação.
   n: Newton descobriu a gravitação.
   A. $l \vee n$
   B. $\sim(\sim l \wedge \sim n)$

A tabela de verdade confirma a equivalência destas duas expressões.

l	n	$l \vee n$	$\sim l \wedge \sim n$	$\sim(\sim l \wedge \sim n)$	$\sim(\sim l \wedge \sim n) \Leftrightarrow (l \vee n)$
1	1	1	0	0	1
1	0	1	0	1	1
0	1	1	0	1	1
0	0	0	1	0	1

As soluções dos exercícios seguintes encontram-se no fim do livro.

4. Basta ser magistrado para não se poder ir ao casino. Ser magistrado é incompatível com o facto de se jogar no casino.
5. Se há vida em Marte, existe uma atmosfera sobre Marte e há seres vivos. É impossível haver vida em Marte e não haver atmosfera ou não haver seres pensantes.
6. O Roberto janta em casa do Paulo ou em casa da Sofia. É falso que o Roberto jante em casa do Paulo se e somente se ele janta em casa da Sofia.
7. O Rui não é pequeno ou então não é forte. Se o Rui é pequeno, então não é forte.
8. A Maria é grande e é bela. Não é possível que simultaneamente a Maria não seja grande e não seja bela.

3.5 Contextualização científica

As virtudes do formalismo

É evidente que qualquer teoria formalizada se torna rapidamente eficaz e performativa. Poderíamos questionar-nos sobre as razões desta eficácia a curto prazo dos sistemas formais, quer sejam matemáticos, físicos, lógicos ou outros.

Em *Les enjeux de la rationalité. Le défi de la science et de la technologie aux cultures* (Aubier-Montaigne, UNESCO, 1977), Jean LADRIÈRE sugere a seguinte análise. Começa por distinguir quatro tipos de saber: o saber sapiencial, o saber contemplativo, o saber hermenêutico, o saber científico ou operatório ou formalizado. O saber sapiencial é a concepção grega do saber: é preciso esforçarmo-nos por adquirir uma visão exacta da existência, daquilo que é, para que a minha acção – aquilo que deve ser – seja ideal, e me faça feliz. Este intelectualismo moral dos gregos identifica conhecimento, acção ideal e felicidade. É infeliz aquele que age mal por ser ignorante. Somos felizes porque agimos bem graças a uma boa informação. O segundo saber, ou saber contemplativo, é puramente teórico, sem nenhuma investigação dos incidentes práticos. É preciso saber por saber e a satisfação reside na própria visão, mais do que nos seus eventuais efeitos. É o saber dos estóicos, que esperam assumir a condição humana ao meditarem sobre ela, contemplando as suas possibilidades e os seus limites. O meu sofrimento é assumido quando sei por que sofro, a minha angústia é canalizada quando tomo consciência de que constitui a aventura humana. O terceiro saber, ou saber hermenêutico, não é tão teórico porque não se contenta em descrever a realidade. Quer interpretá-la e dar-lhe um sentido, situando-a num conjunto mais vasto.
Os dados visíveis são interpretados e pensados num quadro invisível e mais lato que dá um significado aos dados visíveis. As narrativas bíblicas da criação do mundo são hermenêuticas porque dão um sentido ao mundo visível, situando-o no quadro invisível da criação divina. O mundo não é apenas descrito; de certa maneira, é também construído.

O quarto saber, de que aqui nos ocupamos, é o saber formalizado ou científico ou operatório. O saber científico partilha certamente de características próprias aos três outros saberes, mas, além disso, é também operatório, o que significa que conduz a uma acção, que exerce um poder. Pensemos em expressões como «operação cirúrgica» ou «operação militar». A acção do discurso formalizado é operatória de quatro maneiras: acção de transformação, de modelização, de expansão, de autocontrolo.

1. *O formalismo confere poder de transformação*. A lei lógica de contraposição afirma: $(p \Rightarrow q) \Leftrightarrow (\sim q \Rightarrow \sim p)$. Isto equivale a dizer que é possível (poder!) apresentar a primeira parte da equivalência $(p \Rightarrow q)$ sob outra

forma $(\sim q \Rightarrow \sim p)$. Dispomos aqui de um princípio que permite modificar a realidade.

2. *O formalismo confere poder de modelização.* O modelo formal simplifica e reduz o dado sensível porque escolhe parâmetros que nunca abrangem a totalidade das coisas. Isto implica uma classificação e uma unificação, que reforçam o poder de transformação.

3. *O formalismo confere poder de expansão.* O saber científico é generalizável, uma vez que cada parte desse saber funciona sempre em relação a um conjunto mais vasto. A operação lógica de conjunção $(p \wedge r)$ pode associar-se à operação lógica da disjunção $(q \vee m)$ para participar num saber formalizado mais vasto, como, por exemplo, a distributividade da conjunção em relação à disjunção: $[p \wedge (q \vee m)] \Leftrightarrow [(p \wedge q) \vee (p \wedge m)]$. Ou ainda, a operação lógica de implicação $(p \Rightarrow q)$ e a operação lógica de equivalência $(r \Leftrightarrow m)$ podem associar-se na operação lógica de contraposição $(p \Rightarrow q) \Leftrightarrow (\sim q \Rightarrow \sim p)$. Na Literatura, no Direito ou na Filosofia, os autores influenciam-se mutuamente, mas não se combinam entre si para produzir um terceiro autor; podem inspirar-se, mas sempre adicionando-se, sem se submeterem a um conjunto que os generaliza. Esta característica específica do saber formal garante-lhe um motor interno de expansão e de progresso.

4. *O formalismo confere poder de autocontrolo.* Na lógica binária, por exemplo, o princípio fundamental de não-contradição confirma ou infirma os nossos desenvolvimentos desse saber. Este regulador interno é uma garantia de autonomia. Assim, o poder de expansão e o poder de autocontrolo explicam o prodigioso desenvolvimento das ciências formalizadas. O poder de transformação e o poder de modelização explicam a sua força de sedução sobre o homem.

4 O MÉTODO DOS GRAFOS

4.1 Objectivos

O estudo desta unidade permitirá dominar o método dos grafos ou contra-exemplos, uma técnica que permite decidir o estatuto lógico de uma expressão proposicional; tem, pois, função de verdade: trata-se de uma lei lógica, de uma proposição contingente ou de uma contradição? Este método, inspirado no método dos quadros semânticos de E. W. BETH (1955), apresenta uma vantagem dupla:

1. Procede por decomposição sistemática e necessária da função de verdade, que exclui a introdução de hipóteses provisórias sugeridas intuitivamente.
2. Evidencia os eventuais contra-exemplos que poderiam pôr em causa o estatuto de lei lógica da função de verdade estudada.

4.2 Termos-chave

Contra-exemplos – grafo – regras de decomposição – absorção – distributividade – refutação por absurdo.

4.3 Teoria

4.3.1 *Generalidades*

O método dos contra-exemplos ou dos grafos semânticos consiste em examinar sistematicamente todas as possibilidades que poderiam tornar a função falsa (quer dizer, todos os contra-exemplos possíveis) e verificar se uma dessas possibilidades se impõe logicamente. Se um contra-exemplo é concebível sem contradição, a função de verdade não é uma lei lógica. Este método assenta, portanto, no princípio da refutação por absurdo. Procede globalmente em três etapas:

1. Consideramos que a função de verdade a analisar é falsa.
2. Deduzimos as consequências lógicas de tal pressuposição decompondo a função de verdade segundo as regras enunciadas de seguida.
3. Esta decomposição será coerente ou contraditória.
   A. Se a decomposição é coerente, a afirmação inicial de falsidade é legítima e a função de verdade não é uma lei lógica.

B. Se a decomposição é contraditória, a afirmação inicial de falsidade não é legítima e a função de verdade é, portanto, uma lei lógica.

Tudo isto pode parecer um pouco confuso à partida, o que é normal; aliás, o ponto de vista contrário seria de resto surpreendente! Portanto, procedamos com paciência e estudemos em primeiro lugar as regras de decomposição das funções de verdade quando estas são admitidas como falsas e, depois, quando são admitidas como verdadeiras.

4.3.2 *Regras de decomposição de uma função de verdade falsa*

Quando afirmo que uma função de verdade é falsa, afirmo automaticamente certos valores de verdade (verdadeiro ou falso) para as variáveis da função de verdade. Decompor uma função de verdade consiste, portanto, em especificar o valor de verdade de cada variável desta função quando esta é especificada verdadeira ou falsa. Retomemos, portanto, as funções de verdade já estudadas na unidade 1. Consultando as tabelas de verdade de cada função, verificamos que as regras de decomposição são evidentes.

a A função negação

Se $\sim p$ (função negação) é falso, p é verdadeiro. Por razões práticas que compreenderemos rapidamente, o raciocínio acima enumerado deve ser escrito da seguinte maneira:

(F) $\sim p$
(V) p

b A função implicação

Se $(p \Rightarrow q)$ é falso, p é verdadeiro e q é falso. Consultando a tabela de verdade, compreendemos imediatamente que a implicação só é falsa num caso: p verdadeiro *e* q falso. Portanto:

(F) $p \Rightarrow q$
(V) p
(F) q

c A função disjunção inclusiva

Existe apenas um caso em que $(p \vee q)$ é falso: é o caso em que p é falso e q é falso.

(F) $p \vee q$
(F) p
(F) q

d A função disjunção exclusiva

Atenção! Esta função é um pouco mais complicada porque a sua falsidade conduz a dois casos possíveis. (p W q) é falso se p é verdadeiro e q é verdadeiro, *ou* se p é falso e q é falso. Portanto, é necessário adaptar a apresentação destas informações indicando claramente que a falsidade da disjunção exclusiva abre duas possibilidades.

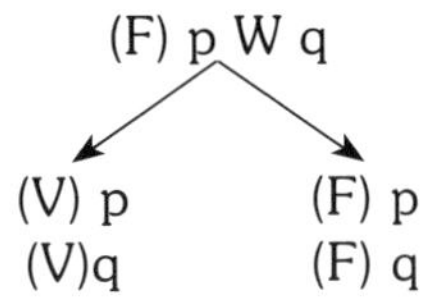

e A função conjunção

Também aqui são possíveis dois casos. (p ∧ q) é falso se p é falso *ou* se q é falso. Notemos que (p ∧ q) continua a ser falso se p e q são falsos, mas esta terceira possibilidade está incluída quer na 1.ª quer na 2.ª. Com efeito, se digo a alguém «Dou-te 1000 euros cada vez que digas uma frase começada por A ou por B ou por A e B», é claro que esta promessa de generosidade pode limitar-se aos dois primeiros casos. É uma aplicação da lei de absorção: $[p \vee q \vee (p \wedge q)] \equiv [p \vee q]$

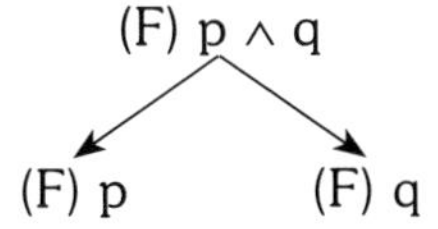

f A função equivalência

Consultando a tabela de verdade, verificamos que (p ⇔ q) é falso em dois casos: quer p seja verdade e q falso, quer p seja falso e q verdadeiro.

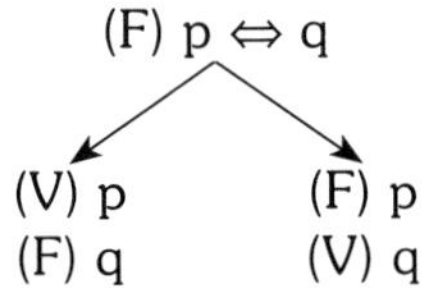

g A função incompatibilidade

(p | q) é falso apenas num caso: p e q são verdadeiros.

(F) (p | q)
(V) p
(V) q

4.3.3 *Regras de decomposição de uma função de verdade verdadeira*

a A função negação

Se ~p é verdadeiro, p é falso.

(V) ~p
(F) p

b A função conjunção

Se (p ∧ q) é verdadeiro, um único caso: p é verdadeiro e q é verdadeiro.

(V) p ∧ q
(V) p
(V) q

c A função disjunção inclusiva

(p ∨ q) é verdadeiro em 3 casos, que podem ser reduzidos a 2 pelas mesmas razões já mencionadas acima: quer p seja verdade, quer q seja verdade. (inserir fig. – p. 44 a)

(V) p ∨ q

(V)p (V)q

d A função disjunção exclusiva

Dois casos possíveis: (p W q) é verdadeiro se p é verdadeiro e q é falso *ou* se p é falso e q é verdadeiro

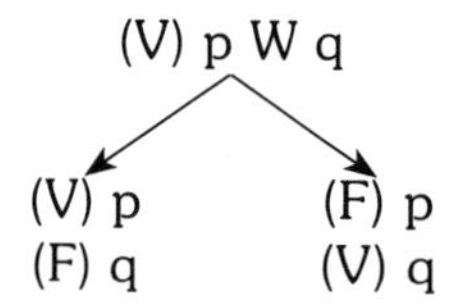

e A função implicação

(p ⇒ q) é verdadeiro nos 3 casos redutíveis a 2 casos: quer p seja falso, quer q seja verdadeiro.

(V) p ⇒ q

(F)p (V) q

f A função equivalência

Dois casos possíveis: p e q são verdadeiros *ou* p e q são falsos.

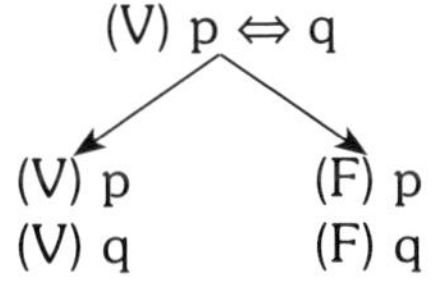

g A função incompatibilidade

É verdadeira nos 3 casos, redutíveis a 2 casos: quer p seja falso, quer q seja falso.

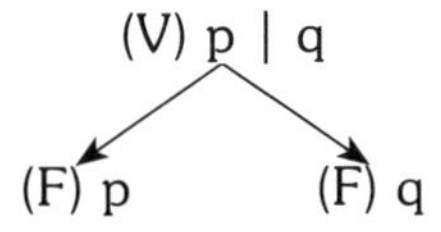

4.3.4 Construção dos grafos semânticos

A construção dos grafos semânticos é bastante simples e tentaremos compreendê-la por meio de exercícios. Fixemos, em primeiro lugar, alguns princípios de base:

1. Admitimos que a função de verdade a avaliar é falsa e escrevemos (F) em frente da função.
2. Iniciamos a decomposição, que consiste, de facto, em eliminar os diferentes operadores. Contrariamente às tabelas de verdade, nas quais partimos das variáveis para reconstruir toda a função, decompomos a função a partir dos seus componentes mais importantes até às variáveis individuais. A posição dos parêntesis é, portanto, muito importante para determinar a ordem de eliminação dos diferentes operadores.
3. Cada operação de decomposição deve ser numerada para evitar a confusão. Esta numeração não tem nada a ver com a lógica do grafo, mas permite evitar os esquecimentos e localizar rapidamente as eventuais contradições.
4. Sempre que possível, é melhor decompor em primeiro lugar as expressões com uma possibilidade, deixando para o fim as expressões com duas possibilidades de modo a não complicar muito os grafos.
5. Quando a decomposição terminou, basta verificar cada variável colocada em evidência. Se uma mesma variável é afirmada (V) e (F) na mesma decomposição, esta decomposição é contraditória, o que significa que o seu ponto de partida é errado; por outras palavras, não podemos afirmar (F) para a função de verdade a avaliar. Tudo isso será esclarecido com os exercícios e os seus comentários!

4.4 Exercícios

1. Avaliar a função de verdade: $(p \Rightarrow q) \vee (q \Rightarrow m)$

(1) (F) $(p \Rightarrow q) \vee (q \Rightarrow m)$
(2.1) (F) $p \Rightarrow q$
(3.1.) (F) $q \Rightarrow m$
(4.2) (V) p
(5.2) (F) q
(6.3) (V) q
(7.3) (F) m

Conclusão: O resultado da decomposição é: (V) p $\wedge$ (F) q $\wedge$ (V) q $\wedge$ (F) m. Há uma contradição ($\sim q \wedge q$). Só há uma decomposição contraditória. Esta função de verdade é, portanto, uma lei lógica.

Comentário: a numeração (2.1) faz referência à expressão n.º 2 que resulta da decomposição de 1. Com efeito, (2.1) e (3.1) são o resultado da eliminação do operador disjunção de (1). Do mesmo modo, (6.3) e (7.3) são o resultado da decomposição do implicador (3.1). Note-se também que podemos decompor (2.1) antes de (3.1) ou inversamente.

2. Avaliar a função de verdade: $(p \Rightarrow p) \Rightarrow p$.

(1) (F) $(p \Rightarrow p) \Rightarrow p$
(2.1) (V) $p \Rightarrow p$
(3.1) (F) p

(4.2) (F) p (5.2 (V) p

Conclusão: existem duas decomposições possíveis: $\sim p \wedge \sim p$ (3.1) $\wedge$ (4.2)
$\sim p \wedge p$ (3.1) $\wedge$ (5.2)

A primeira decomposição não é contraditória; portanto, é correcto admitir (F) para a função no caso em que p é falso. É uma proposição factualmente verdadeira. Só é verdadeira se p for verdadeiro, e falsa se p for falso.

Comentário: o mesmo resultado aparece claramente numa tabela de verdade:

p	$p \Rightarrow p$	$(p \Rightarrow p) \Rightarrow p$
1	1	1
0	1	0

3. Avaliar a função de verdade: $[(p \Rightarrow q) \Rightarrow p] \Rightarrow p$

(1) (F) $[(p \Rightarrow q) \Rightarrow p] \Rightarrow p$
(2.1) (V) $(p \Rightarrow q) \Rightarrow p$
(3.1) (F) p

(4,2 (F) $p \Rightarrow q$ (5.2) (V) p
(6.4) (V) p
(7.4) (F) q

Conclusão: duas decomposições contraditórias: $\sim p \wedge p$ (3.1) $\wedge$ (6.4)
$\sim p \wedge p$ (3.1) $\wedge$ (5.2)

Lei lógica.

4. Avaliar a função de verdade: $(p \wedge q) \Rightarrow q$

(1) (F) $(p \wedge q) \Rightarrow q$
(2.1) (V) p q
(3.1) (F) q
(4.2) (V) p
(5.2) (V) q

Conclusão: Só uma decomposição é contraditória: $\sim q \wedge p \wedge q$ (3.1) $\wedge$ (4.2) $\wedge$ (5.2)

Comentário: A infância da arte!

5. Avaliar a função de verdade: $[(p \Rightarrow q) \wedge p] \Rightarrow q$

(1) (F) $[(p \Rightarrow q) \wedge p] \Rightarrow q$
(2.1) (V) $(p \Rightarrow q) \wedge p$
(3.1) (F) q
(4.2) (V) $p \Rightarrow q$
(5.2) (V) p

(6.4) (F) p   (7.4) (v) q

Conclusão: duas decomposições contraditórias: $\sim q \wedge p \wedge \sim p$
$\sim q \wedge p \wedge q$

É a lei lógica do condicional *ponendo ponens.*

Comentário: Podemos simplificar concluindo simplesmente da seguinte maneira: 1,ª contradição: (6.4) (5.2), 2.ª contradição: (3.1) (7.4).

6. Avaliar a função de verdade: $[(p \Rightarrow q) \wedge (q \Rightarrow m)] \Rightarrow (\sim m \Rightarrow \sim p)$

(1) (F) $[(p \Rightarrow q) \wedge (q \Rightarrow m)] \Rightarrow (\sim m \Rightarrow \sim p)$
(2.1) (V) $(p \Rightarrow q) \wedge (q \Rightarrow m)$
(3.1) (F) $\sim m \Rightarrow \sim p$
(4.3) (V) $\sim m$
(5.3) (F) $\sim p$
(6.4) (F) m
(7.5) (V) p
(8.2) (V) $p \Rightarrow q$
(9.2) (V) $q \Rightarrow m$

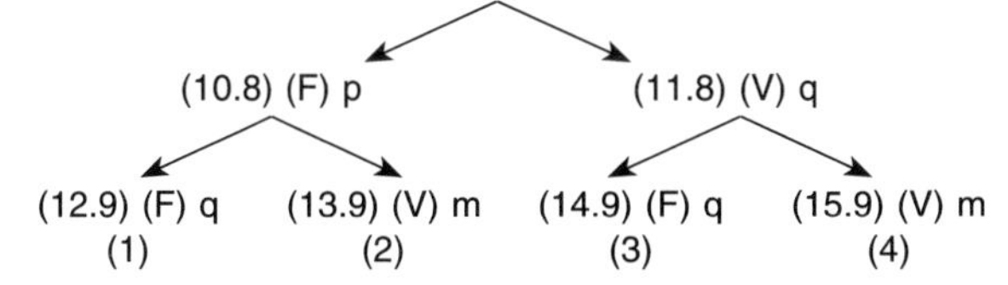

Conclusão: 4 decomposições: (1) $\sim m \wedge p \wedge \sim p \wedge \sim q$
(2) $\sim m \wedge p \wedge \sim p \wedge m$
(3) $\sim m \wedge p \wedge q \wedge \sim q$
(4) $\sim m \wedge p \wedge q \wedge m$

As 4 decomposições são contraditórias, trata-se de uma lei lógica. É a transitividade da implicação, pois a 3.ª parte é a contraposta de $(p \Rightarrow m)$.

Comentário: Aqui, o grafo é um pouco mais complicado, uma vez que tem 4 ramos. Com efeito, é necessário encarar duas possibilidades para tratar (8.2) e ainda preciso encarar duas para tratar (9.2). Estas duas possibilidades devem ser sempre mencionadas respectivamente sob (10.8) e sob (11.8). Porquê? É uma aplicação pura e simples do *princípio de distributividade.* O princípio de distributividade pode ser ilustrado em aritmética por: $5 \times (2 + 4) = (5 \times 2) + (5 \times 4)$. Em lógica, «e» (intersecção) desempenha o papel de «x», e «ou» (reunião) desempenha o papel de «+». A passagem de uma linha para a outra corresponde a «x» (e): (1) e (2.1) e (3.1) e (4.3) e ... Pelo contrário, a abertura de duas possibilidades corresponde a + (ou): (10.8) ou (11.8).

7. Avaliar a função de verdade: $(p \Rightarrow m) \Leftrightarrow (\sim m \Rightarrow \sim p)$

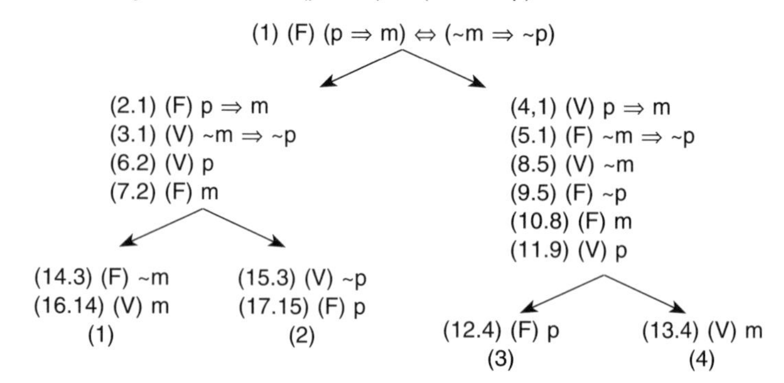

Conclusão: 4 decomposições contraditórias: (1) $p \wedge \sim m \wedge m$
(2) $p \wedge \sim m \wedge \sim p$
(3) $\sim m \wedge p \wedge \sim p$
(4) $\sim m \wedge p \wedge m$

É a lei lógica da contraposição.

8. Avaliar a função de verdade: $[(p \Rightarrow m) \vee (q \Rightarrow m)] \Rightarrow [(p \vee q) \Rightarrow m]$

(1) (F) $[(p \Rightarrow m) \vee (q \Rightarrow m)] \Rightarrow [(p \vee q) \Rightarrow m]$
(2.1) (V) $(p \Rightarrow m) \vee (q \Rightarrow m)$
(3.1) (F) $(p \vee q) \Rightarrow m$
(4.3) (V) $p \vee q$
(5.3) (F) m

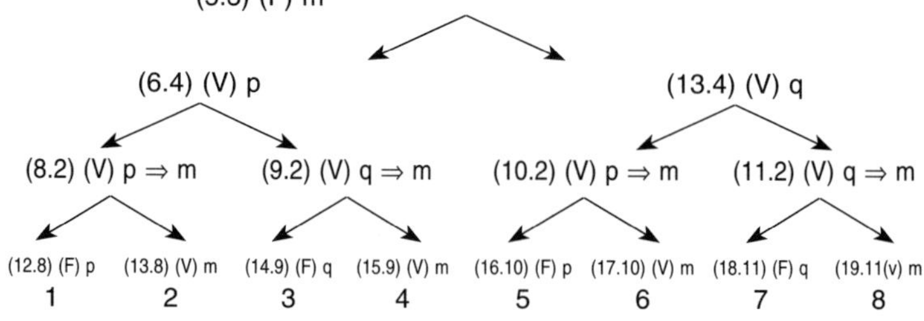

Conclusão:

(1) $\sim m \wedge p \wedge \sim p$ (5) $\sim m \wedge q \wedge \sim p$
(2) $\sim m \wedge p \wedge m$ (6) $\sim m \wedge q \wedge m$
(3) $\sim m \wedge p \wedge \sim q$ (7) $\sim m \wedge q \wedge \sim p$
(4) $\sim m \wedge p \wedge m$ (8) $\sim m \wedge q \wedge m$

Existem 8 decomposições. A (3) e a (5) não são contraditórias.

Não se trata, portanto, de uma lei lógica, mas de uma proposição contingente. É falsa quando m é falso, q é falso, p é verdadeiro (3); e quando m é falso, q é verdadeiro, p é falso (5). Isto concorda evidentemente com a tabela de verdade.

p	q	m	$p \Rightarrow m$	$q \Rightarrow m$	$p \vee q$	$(p \vee q) \Rightarrow m$	$\vee$	$\Rightarrow$
1	1	1	1	1	1	1	1	1
1	1	0	0	0	1	0	0	1
1	0	1	1	1	1	1	1	1
1	0	0	0	1	1	0	1	0
0	1	1	1	1	1	1	1	1
0	1	0	1	0	1	0	1	0
0	0	1	1	1	0	1	1	1
0	0	0	1	1	0	1	1	1

9. Avaliar a função de verdade: $[p \vee (p \wedge \sim q)] \Leftrightarrow p$

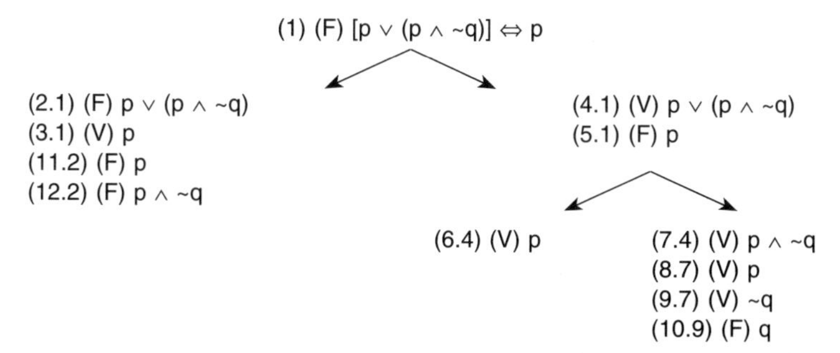

Conclusão: 3 decomposições contraditórias. Lei lógica.

Comentário: É inútil continuar a decomposição em (12.2), uma vez que já existe contradição em (3.1) e (11.2).

10. Avaliar a função de verdade: $[(p \Rightarrow q) \wedge (p \Rightarrow \sim q)] \Rightarrow \sim p$

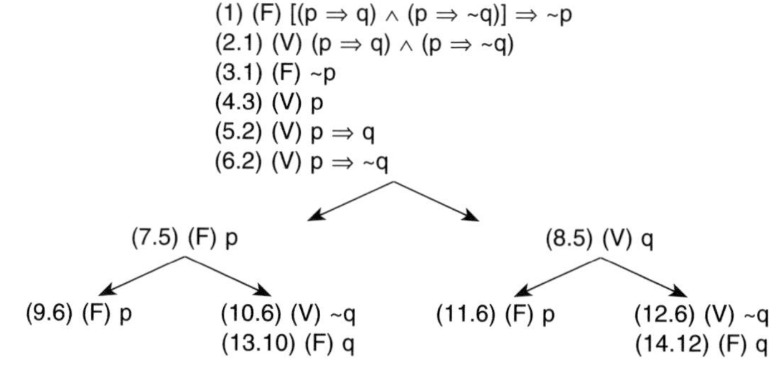

Conclusão: As 4 decomposições são contraditórias. É a lei lógica da refutação por absurdo.

4.5 Contextualização científica

Ludwig WITTGENSTEIN: *Tractatus logico-philosophicus* (1921)

Ou o sonho de uma ciência do mundo constituída pela lógica. Ludwig Wittgenstein (1889-1951) abandona os seus estudos de Engenharia em 1911 para seguir os cursos do lógico RUSSELL. A sua primeira obra maior é o *Tractatus logico-philosophicus*, publicado em 1921, mas cujo prefácio data de 1918. Trata-se de uma obra muito sóbria, apresentada como uma sucessão de proposições e que trata das condições de possibilidade da linguagem e dos seus limites. A linguagem é possível na condição de admitir o isomorfismo da estrutura do mundo e da estrutura da linguagem. O universo é uma soma de factos atómicos independentes. Este atomismo físico, que faz da realidade um monte de areia, é paralelo ao atomismo linguístico, que faz corresponder uma proposição atómica (p, q, m...) a cada facto atómico (o grão de areia). Estas proposições atómicas, verificadas pela experiência sensível, serão organizadas em proposições moleculares pelos operadores da lógica das proposições para constituir a ciência do mundo. É a teoria do quadro, que reduz a linguagem a uma imagem dos factos. Proposição 2.1: «construímos quadros dos factos». A disposição dos quadros p, q, m, r... é uma proposição molecular que corresponde ao espaço lógico, que evidentemente é mais vasto do que o mundo. Proposição 1: «O mundo é tudo o que acontece». Proposição 4.001: «a totalidade das proposições é a linguagem». Através de uma verificação empírica, posso verificar a veracidade referencial de determinado quadro e especificar que parte do espaço lógico corresponde ao mundo, quer dizer, àquilo que acontece. O isomorfismo mundo-linguagem é a condição de possibilidade da linguagem, mas manifesta igualmente o seu limite. Com efeito, este isomorfismo pode ser verificado, mas não pode ser formulado, uma vez que as condições de possibilidade da linguagem ultrapassam ou transcendem, como KANT diria, a própria linguagem. Proposição 4.1212: «o que pode ser mostrado não pode ser dito». Esta primeira dificuldade é apenas um ponto de partida e apercebemo-nos rapidamente de que os limites da linguagem são importantes. A linguagem é incapaz de formular as questões éticas, estéticas e místicas. A linguagem é possível para formular o «como» das coisas, mas é limitada aquém do «porquê» das coisas. Proposição 7: «Acerca daquilo de que não podemos falar, devemos permanecer em silêncio». Este último aforismo do *Tractatus* deixa ao leitor a impressão de uma suspeita completa relativamente às virtudes da linguagem. Esta questão das condições de possibilidade de uma linguagem racional volta a ser tratada por Wittgenstein na sua segunda obra maior *As Investigações Filosóficas* (1953), em que o fenómeno da linguagem é abordado de uma maneira mais flexível e num quadro mais vasto. A linguagem é mais do que um simples quadro da realidade; é um jogo com o seu material, as suas técnicas, o seu código de utilização. Existem vários jogos de linguagem, como prometer, ameaçar, suplicar, encorajar... A filosofia da linguagem tem, desde logo, uma tripla missão: determinar os diferentes jogos da linguagem, definir a especificidade e as regras de cada jogo, sublinhar as interferências entre os jogos para definir as ligações que permitiriam passar de um jogo para outro. Assim, por exemplo, os três juízos «Vi o Sol nascer», «O Sol não nasce» e «Hoje o Sol nasceu 47 vezes» correspondem a três jogos de linguagem diferentes: o do homem de bom-senso, o do físico e o do *Principezinho*. Antes de se pronunciar sobre a veracidade, falsidade ou incompatibilidade destes três juízos, é preciso especificar em que jogo de linguagem participam para saber se têm sentido. Uma vez mais, a questão do sentido precede a questão da verdade.

5 O MÉTODO AXIOMÁTICO

5.1 Objectivos

O estudo deste capítulo deve permitir-lhe adquirir noções sumárias e teóricas sobre o método axiomático.

5.2 Termos-chave

Expressão bem formada – sintaxe – expressão válida – axioma – teorema – regra de substituição – regra de separação – sistema de axiomas – validade – petição de princípio – sistema hipotético-dedutivo – equivalência fundamental – metalinguagem.

5.3 Teoria

Este método não recorre à noção de valor de verdade, nem à função de verdade, nem à noção de contra-exemplo, mas apenas à noção de expressão bem formada (sintaxe) e à de expressão válida (axioma ou teorema).

Esta evolução da lógica abandona a noção de verdade para dar lugar à noção de validade.

5.3.1 *A noção de expressão bem formada*

O ponto de partida do método axiomático é a noção de expressão bem formada, quer dizer, uma expressão que corresponde a regras sintáxicas precisas. Desenvolvemos portanto uma gramática que especifica estruturas correctas. Estas estruturas correctas são expressões bem formadas por simples convenção gramatical. Qualquer referência à linguagem natural ou às pseudo-evidências lógicas é excluída em princípio. Quais são os elementos gerais desta gramática?

–As variáveis p, q, m ...

–A constante monádica «~» colocada diante de uma única variável ~p ou, mais geralmente, frente a uma expressão bem formada (~~p ...). É o antigo operador prefixo.

–As constantes diáticas «∧», «∨», «⇒»... colocadas entre duas expressões bem formadas: p ∧ q... São os antigos operadores infixos.

–Os parêntesis, que, em princípio, devem delimitar qualquer expressão em que intervém uma constante diática.

Exemplos: Expressões bem formadas: p, $\sim q$, $(p \Rightarrow q)$, $(\sim p \vee q)$.

Expressões mal formadas: $\sim \Rightarrow$, p q, $p \vee \wedge q$.

5.3.2 *A noção de expressão válida*

A noção de expressão talvez não seja muito feliz. A validade é o facto de um juízo e não de uma proposição. Posto isto, admitiremos que se possa chamar válidas às proposições sempre verdadeiras (tautologias). Segundo o método axiomático, admitimos que uma expressão bem formada é uma expressão válida se tiver o estatuto de axioma ou de teorema.

1. O axioma ou proposição fundamental é uma expressão bem formada admitida (decidida) como válida sem demonstração.
2. O teorema é uma expressão derivada de axiomas por aplicação das regras de derivação. Existem duas regras de derivação.

a A regra de substituição

Se numa expressão válida (axioma ou teorema) substituímos uma mesma variável por uma mesma expressão bem formada, simultaneamente em todas as ocorrências, obtemos uma nova expressão válida (teorema).

Exemplo: considere-se o axioma ou teorema: $(p \vee q) \Rightarrow (q \vee p)$
então, $(p \vee m) \Rightarrow (m \vee p)$ é uma expressão válida.
Igualmente: $((p \wedge m) \vee q) \Rightarrow (q \vee (p \wedge m))$.
Ou ainda: $((p \Rightarrow q) \vee (m \wedge n) \Rightarrow ((m \wedge n) \vee (p \Rightarrow q))$.

Nesta 3.ª expressão válida, substituímos $(p \Rightarrow q)$ por p e $(m \wedge n)$ por q.

b A regra de separação do «modus ponens»

Se o sistema admite uma expressão válida de forma P e também uma expressão válida de forma $P \Rightarrow Q$, então admite como válido Q. P e Q são variáveis sintácticas que representam qualquer expressão proposicional.

Exemplo: $(p \vee \sim p)$ é uma expressão válida (P)
e $(p \vee \sim p) \Rightarrow (p \Rightarrow p)$ é uma expressão válida $(P \Rightarrow Q)$.

Deste modo, concluímos que $(p \Rightarrow p)$ é uma expressão válida (Q).

Os símbolos utilizados neste caso são letras maiúsculas porque são símbolos de símbolos. Falamos então de metalinguagem, ou seja, uma linguagem que não se refere ao real extra-linguístico, mas sim a uma linguagem. Assim, as variáveis P e Q remetem para expressões proposicionais.

5.3.3 *O sistema de axiomas*

O objectivo do método axiomático é encontrar todas as expressões válidas de um sistema a partir de alguns axiomas admitidos à partida. Um sistema axiomático é, portanto, um sistema hipotético-dedutivo. Actualmente, todas as ciências tendem a formular-se axiomaticamente: depois de ter descoberto um certo número de leis através da experiência (indução), a ciência tenta clarificar essas descobertas derivando-as de alguns axiomas (dedução). A indução é prioritária na ordem da descoberta, mas a dedução é primeira na ordem da exposição. A título de exemplo, vejamos o sistema de axiomas que LUKASIEWICZ propôs em 1929 e que permite derivar todas as expressões clássicas da lógica.

1. $(p \Rightarrow q) \Rightarrow [(q \Rightarrow m) \Rightarrow (p \Rightarrow m)]$
2. $p \Rightarrow (\sim p \Rightarrow q)$
3. $(\sim p \Rightarrow p) \Rightarrow p$

Um tal sistema de axiomas deve ser coerente, o que significa que, a partir dele, não podemos deduzir uma expressão e, simultaneamente, a sua negação. Neste caso, o sistema é não-contraditório ou consistente. Do mesmo modo, podemos desejar que os axiomas sejam independentes, o que significa que um não pode ser derivado dos outros. No entanto, esta última condição é discutível e seria ingénuo pensar que um sistema de axiomas é melhor por ser mais curto; é também preciso ter em conta as suas capacidades mais ou menos rápidas de derivação. Do mesmo modo, seria também ingénuo pensar que a escolha dos axiomas é completamente arbitrária: muitos axiomas são semelhantes às leis lógicas que gostaríamos de afastar por causa da sua não-demonstração.

Mencionemos ainda os nomes de Giuseppe PEANO (1858-1932), que definiu e demonstrou as proposições da Aritmética a partir de 3 termos (zero, número, sucessor de) e 5 axiomas; David HILBERT (1862-1943), célebre pela sua axiomatização da Geometria em 20 axiomas que explicam as relações de ligação, ordem, igualdade, paralelismo e continuidade; KOLMOGOROV, que axiomatiza o cálculo das probabilidades, considerando-o um caso particular da teoria das medidas e das funções. Actualmente, consideramos que um sistema axiomático representa um ideal de inteligibilidade científica.

5.4 Exercícios

5.4.1 *Convenções*

Considere-se o sistema de axiomas proposto por LUKASIEWICZ em 1929:

Axioma 1: $(p \Rightarrow q) \Rightarrow [(q \Rightarrow m) \Rightarrow (p \Rightarrow m)]$

Axioma 2: $p \Rightarrow (\sim p \Rightarrow q)$

Axioma 3: $(\sim p \Rightarrow p) \Rightarrow p$

RS = regra de substituição

RD = regra de separação

EF = equivalência fundamental.

5.4.2 *Exercícios*

Demonstrar os seguintes teoremas:

1. $p \Rightarrow p$ (notado T_1)
2. $\sim(\sim p \vee p) \Rightarrow q$ (notado T_2)
3. $(\sim p \Rightarrow p) \Rightarrow (\sim p \Rightarrow q)$ (notado T_3)
4. $\sim p \vee p$ (notado T_4)
5. $p \Rightarrow (p \vee q)$ (notado T_5)

5.4.3 *Respostas*

1. Demonstração de T_1: $p \Rightarrow p$

a. $p \Rightarrow (\sim p \Rightarrow p)$
RS q/p no axioma 2

b. $(p \Rightarrow q) \Rightarrow [(q \Rightarrow p) \Rightarrow (p \Rightarrow p)]$
RS m/p no axioma 1

c. $[p \Rightarrow (\sim p \Rightarrow p)] \Rightarrow [(\sim p \Rightarrow p) \Rightarrow p) \Rightarrow (p \Rightarrow p)]$
RS q/~p ⇒ p no teorema b. derivado do axioma 1.

d. $[(\sim p \Rightarrow p) \Rightarrow p] \Rightarrow (p \Rightarrow p)$
RD a partir dos teoremas a. e c.

e. $p \Rightarrow p$
RD a partir do axioma 3 e do teorema d.

Comentário: O princípio da demonstração é o seguinte: substituindo p por q no axioma 2, observamos que podemos obter $(p \Rightarrow p)$ pela transitividade a partir do teorema a. e do axioma 3. Ora, este princípio de transitividade é exprimido pelo axioma 1. Basta, por isso, substituir q e m no axioma 1 por expressões que integram os axiomas 2 e 3 no mecanismo de transitividade do axioma 1.

2. Demonstração de T_2: $\sim p\ (\sim p \vee p) \Rightarrow q$

a. $(p \Rightarrow p) \Rightarrow [\sim(p \Rightarrow p) \Rightarrow q]$
RS $p/p \Rightarrow p$ no axioma 2.

b. $\sim(p \Rightarrow p) \Rightarrow q$
RD a partir do teorema a. e do teorema T_1 do exercício precedente.

c. $\sim(\sim p \vee p) \Rightarrow q$
EF: $(p \Rightarrow q) \equiv (\sim p \vee q)$
RS q/p portanto $(p \Rightarrow q) \equiv (\sim p \vee p)$

Comentário: O teorema exprime um princípio clássico em lógica: do falso podemos deduzir aquilo que queremos. Note-se também que um teorema demonstrado se torna numa expressão válida utilizável nas demonstrações ulteriores.

3. Demonstração de T_3: $(\sim p \Rightarrow p) \Rightarrow (\sim p \Rightarrow q)$

a. $[(\sim p \Rightarrow p) \Rightarrow q] \Rightarrow [(q \Rightarrow m) \Rightarrow [(\sim p \Rightarrow p) \Rightarrow m]]$
RS $p/\sim p \Rightarrow p$ no axioma 1.

b. $[(\sim p \Rightarrow p) \Rightarrow p] \Rightarrow [(p \Rightarrow (\sim p \Rightarrow q)) \Rightarrow [(\sim p \Rightarrow p) \Rightarrow (\sim p \Rightarrow q)]]$
RS q/p e $m/\sim p \Rightarrow q$ no teorema a.

c. $[p \Rightarrow (\sim p \Rightarrow q)] \Rightarrow [(\sim p \Rightarrow p) \Rightarrow (\sim p \Rightarrow q)]$
RD a partir do teorema b. e do axioma 3.

d. $(\sim p \Rightarrow p) \Rightarrow (\sim p \Rightarrow q)$
RD a partir do teorema c. e do axioma 2.

Comentário: Este teorema significa que uma expressão que implica a sua negação pode implicar qualquer coisa.

4. Demonstração de T_4: $\sim p \vee p$

a. $p \Rightarrow p$
Retomado do teorema T_1 demonstrado anteriormente.

b. $\sim p \vee p$
EF. Com efeito $(p \Rightarrow q) \equiv (\sim p \vee q)$
RS q/p portanto $(p \Rightarrow p) \equiv (\sim p \vee p)$

Comentário: As equivalências fundamentais permitem rescrever teoremas utilizando outros conectores além da implicação e da negação. Podemos assim colocar em evidência outros princípios lógicos: o terceiro-excluído neste exercício.

5. Demonstração de T_5: $p \Rightarrow (p \vee q)$

a. $(\sim p \Rightarrow p) \Rightarrow (\sim p \Rightarrow q)$
Retomada do teorema T_3 demonstrado anteriormente.

b. $(\sim\sim p \vee p) \Rightarrow (\sim\sim p \vee q)$
EF $(p \Rightarrow q)\ (\sim p \vee q)$
Portanto $(\sim p \Rightarrow p) \equiv (\sim\sim p \vee p)$
RS $p/\sim p$

c. $(p \vee p) \Rightarrow (p \vee q)$
EF $\sim\sim p \equiv p$

d. $p \Rightarrow (p \vee q)$
EF $p \equiv (p \vee p)$

Comentário: Ao contrário de RS, a utilização de EF não exige uma substituição uniforme. Não é necessário substituir todas as ocorrências de uma mesma variável por outra expressão, uma vez que, em todo o caso, as fórmulas são equivalentes.

5.5 Contextualização científica

As origens do método axiomático
A partir de LEIBNIZ (1646-1716), a lógica formalizou-se cada vez mais para abandonar todo o conteúdo e interessar-se unicamente pelas leis lógicas ou mecanismos «universais» do pensamento. A lógica estuda, portanto, mecanismos como a transitividade, a não-contradição, a comutatividade, a dupla negação, etc. Pensava-se então ter alcançado uma base de verdades indiscutíveis, universais e necessárias. Esta nova ilusão foi de curta duração.

O desencanto chegaria com o matemático alemão CANTOR (1845-1918), criador da teoria dos conjuntos, que não tardou a reservar algumas surpresas. Com efeito, esta teoria particularmente performativa unificava os diferentes sectores matemáticos e a lógica, mas desembocava numa série de paradoxos que abalavam as certezas tranquilas da lógica clássica. *O primeiro paradoxo* leva a afirmar que uma parte de um conjunto pode ter tantos elementos quanto a totalidade do conjunto. Com efeito, dois conjuntos são equipotentes (ou seja, iguais em valor cardinal) se eu puder associar cada elemento de um a um elemento do outro numa relação bijectiva (*one-one*). Considere-se o conjunto A, cujos elementos correspondem à sequência infinita dos inteiros possíveis (1, 2, 3, 4, 5, $\Rightarrow \infty$), e o conjunto B, cujos elementos correspondem à sequência infinita dos inteiros pares positivos (2, 4, 6, 8, 10 $\Rightarrow \infty$). É evidente que o conjunto B é um subconjunto do conjunto A e que podemos associar sempre um elemento de A a um elemento de B numa relação bijectiva. É preciso admitir, portanto, que o conjunto e o seu subconjunto têm «o mesmo número de elementos».
A boa e velha evidência da prioridade do todo sobre a parte acabou-se! *O segundo paradoxo é uma antinomia*, quer dizer, uma construção coerente que resulta num impasse lógico. De que se trata? A teoria de Cantor admite a existência de conjuntos que se contêm a si mesmos como elemento. Assim, o conjunto das classes do mundo dos vertebrados é em si mesmo uma classe. Podemos também admitir que existem conjuntos que não se contêm a si mesmos como elemento: o conjunto dos estudantes não é evidentemente um estudante! Dito isto, que pensar então do conjunto dos conjuntos que não se contêm a si mesmos? Este conjunto não pode conter-se a si mesmo sob pena de já não ser o conjunto dos conjuntos que não se contêm a si mesmos. Mas se não se contém a si mesmo, já não é o conjunto dos conjuntos que não se contêm a si mesmos, uma vez que faltará então um conjunto, a saber, ele mesmo. Eis, portanto, uma situação paradoxal em que uma construção coerente resulta num impasse. Podemos ainda ilustrar esta situação impossível pelo seguinte exemplo: toda a gente sabe que os catálogos das bibliotecas são de tal maneira numerosos que existem catálogos dos catálogos para centralizar a informação. Em boa lógica, um catálogo dos catálogos pode mencionar-se a si mesmo como catálogo ou não. Imaginemos agora

um bibliotecário cuja tarefa é reunir num único catálogo todos os catálogos dos catálogos que não se mencionam a si mesmos. Irá ele mencionar o seu próprio catálogo ou não? Se não o fizer, o seu trabalho estará incompleto, uma vez que faltará um catálogo não mencionado, a saber, o seu. Se o fizer, o seu trabalho estará incorrecto, pois só pode mencionar os catálogos não mencionados. Este género de problema insolúvel é muito mais do que um simples jogo de palavras e coloca sérios problemas à lógica que se quer transparente e sem falhas! Com efeito, o segundo paradoxo põe muito simplesmente em causa o princípio de não-contradição e o princípio do terceiro excluído, sobre os quais assenta a lógica clássica.

Assim, os paradoxos de Cantor obrigam a demonstrar princípios fundamentais que pensávamos indiscutíveis e ao abrigo de qualquer dúvida. Aquilo que parece evidente deve, portanto, ser demonstrado. Infelizmente, esses famosos princípios não são demonstráveis e é fácil compreender que as demonstrações correntes pelas tabelas de verdade não passam de pseudo-demonstrações, petições de princípio que pressupõem justamente aquilo que é preciso demonstrar.

Vejamos dois exemplos:

1. Demonstrar o princípio de não-contradição: $\sim(p \wedge \sim p)$. A construção da tabela de verdade mostra imediatamente que esta expressão é sempre verdadeira independentemente do valor de p.

p	~p	p ∧ ~p	~(p ∧ ~p)
1	0	0	1
0	1	0	1

Mas, para avaliar esta função de verdade, é preciso, em primeiro lugar, admitir que «p» pode ser verdadeiro (1) ou falso (0), e que se for verdadeiro não é falso e reciprocamente. Mas isto é justamente o princípio de não-contradição que nunca podemos provar, uma vez que é preciso supô-lo para o «demonstrar».

2. Demonstrar a comutatividade da equivalência: $(p \Leftrightarrow q) \Leftrightarrow (q \Leftrightarrow p)$. A demonstração clássica consiste em construir a seguinte tabela de verdade:

p	q	p ⇔ q	q ⇔ p	(p ⇔ q) ⇔ (q ⇔ p)	
1	1	1	1	1	
1	0	0	0	1	
0	1	0	0	1	
0	0	1	1	1	
I	II	III	IV	V	= lei lógica

Qual foi o método? A coluna III retirou os seus resultados da comparação das colunas I e II. *Do mesmo modo*, a coluna IV retirou os seus resultados da comparação das colunas I e II. Mas é justamente isso que devemos demonstrar! Consideramos que III e IV podem ser tratadas da mesma maneira para demonstrar que são equivalentes! É o sofisma da petição de princípio ou círculo vicioso.

Leibniz demonstrou assim o carácter arbitrário da lógica de Aristóteles; e, por seu lado, a teoria dos conjuntos de Cantor sublinha o carácter arbitrário da lógica formal clássica. Uma tal evolução conduzirá necessariamente à noção de axioma.

6 A ÁLGEBRA BINÁRIA DE BOOLE (1815-1864)

6.1 Objectivos

O estudo desta unidade permitirá:

1. Compreender a analogia entre a lógica das proposições e a lógica dos predicados, que é uma lógica de classes. Existe analogia e não identidade: com efeito, certas leis lógicas mostram claramente que a lógica das proposições domina a lógica das classes. A transitividade da implicação, por exemplo, é traduzida com operadores da lógica das proposições, enquanto que a transitividade da inclusão tem de recorrer aos operadores da lógica das proposições, por isso, não se pode escrever apenas com signos da lógica das classes. A transitividade da inclusão é uma expressão heterogénea:

$$[(A \subseteq B) \wedge (B \subseteq C)] \Rightarrow (A \subseteq C).$$

2. Compreender a analogia entre a lógica, a teoria dos conjuntos e a matemática. Segundo certos autores (G. BOOLE), existe identidade; segundo outros (B. RUSSELL), a lógica funda a matemática.

6.2 Termos-chave

Classe – conjunto – elemento – inclusão – pertença – reunião – intersecção – classe vazia – complementação – universo do discurso – variáveis boolianas – função de variáveis boolianas

6.3 Teoria

6.3.1 *O cálculo das classes*

a A noção de classe

A noção de classe é fácil de compreender intuitivamente, mas é difícil defini-la correctamente devido ao seu carácter fundamental e à sua estreita ligação com o princípio de não-contradição, que parece evidente, mas é indemonstrável. Com efeito, dizer que existe verdadeiro e falso e dizer que um não é o outro pressupõe a distinção de duas classes diferentes: a do verdadeiro e a do falso. Isto parece evidente, mas não evita a dificuldade quase insuperável de definição de uma classe. Com intuição e com muita ligeireza sem dúvida, admitiremos a seguinte equação: conjunto = classe = predicado. Admitamos ainda que um conjunto é uma colecção de elementos bem definidos e todos diferentes: a colecção dos números inteiros de 0 a 100 é um conjunto, o alfabeto é um conjunto de letras. Admitamos também que o predicado é uma classe: quando digo: «a rosa é uma flor», digo de facto: «a rosa é um elemento da classe flor».

i Igualdade das classes A e B

$$A = B = \text{df } (\forall x)\ x \in A \equiv x \in B$$

A classe A é igual à classe B = por definição: todo o x elemento de A equivale a x elemento de B.

ii Inclusão das classes

$$A \subseteq B = \text{df } (\forall x)\ x \in A \Rightarrow x \in B.$$

A classe A está incluída na classe B = por definição: se todo o x é elemento de A, então é elemento de B.

Observação:

1. Duas classes sem elemento comum são denominadas classes disjuntas.
2. Um elemento pertence a uma classe, ao passo que uma classe está incluída numa classe. A relação de pertença não tem as mesmas propriedades que a relação de inclusão.

iii Propriedades da relação de igualdade das classes A e B

A relação de igualdade é:

1. Reflexiva: A = A. Uma classe é igual a si mesma.
2. Simétrica: se A = B, então B = A. (comutativa)
3. Transitiva: se A = B e se B = C, então A = C.

A relação de igualdade é uma relação RST (reflexiva, simétrica, transitiva) ou, por definição, uma relação de equivalência.

iv Propriedades da relação de inclusão

A relação de inclusão é:

1. Reflexiva: $A \subseteq A$. Todos os elementos de A estão contidos em A.
2. Anti-simétrica: se $A \subseteq B$ e se $B \subseteq A$, então A = B.
3. Transitiva: se $A \subseteq B$ e se $B \subseteq C$, então $A \subseteq C$.

A relação de inclusão é uma relação RAT, ou, por definição, uma relação de ordem parcial.

v Propriedades da relação de pertença

A relação de pertença é:

1. Não-reflexiva: o conteúdo da classe não é uma classe.
2. Assimétrica: se $x \in A$, $A \notin x$, pelas mesmas razões do que em 1.
3. Intransitiva.

De facto, a relação de pertença é uma relação entre tipos lógicos diferentes (classe e elemento), enquanto que a relação de inclusão é uma relação entre os mesmos tipos lógicos (classes).

b A reunião

$$A \cup B = \text{A reunião B} = \text{A } \textit{ou} \text{ B (ou inclusivo)}$$

A reunião das classes A e B é uma terceira classe composta pelos elementos que pertencem a A ou a B ou simultaneamente a ambos. O significado dos tracejados é o cheio.

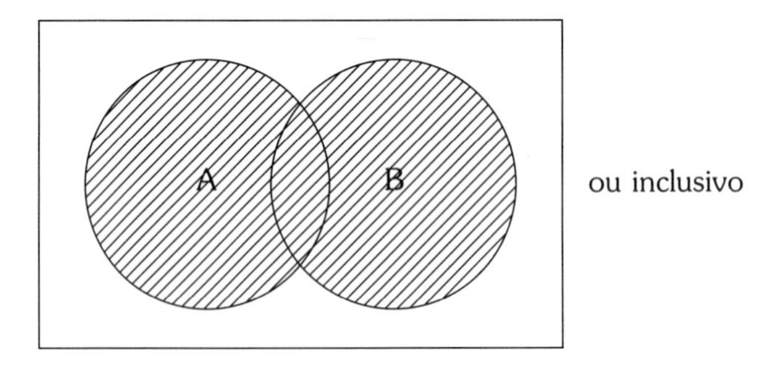

Em lógica, existe um *ou* exclusivo notado W. A classe de reunião compreende então os elementos de A ou de B, mas não os elementos que pertencem a A e a B. O significado da zona branca é o vazio.

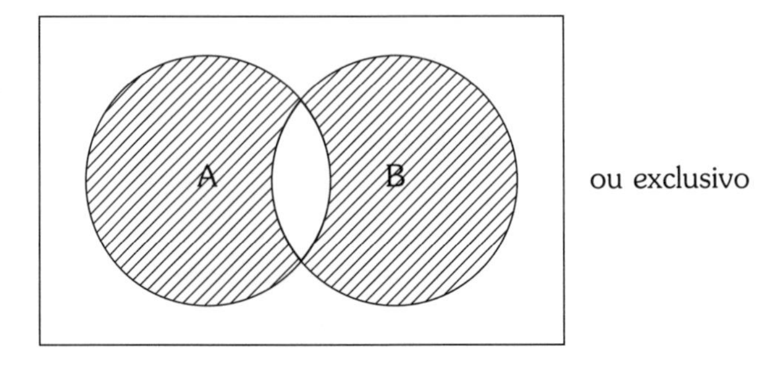

i Propriedades da reunião

1. Idempotência: $A \cup A = A$
2. Comutatividade: $A \cup B = B \cup A$
3. Associatividade: $A \cup (B \cup C) = (A \cup B) \cup C$.

ii Reunião e inclusão

$A \subseteq B$ se e somente se $A \cup B = B$

c A intersecção

$A \cap B$ = A intersecção B = A *e* B.

A intersecção das classes A e B é uma terceira classe composta pelos elementos que pertencem a A e a B.

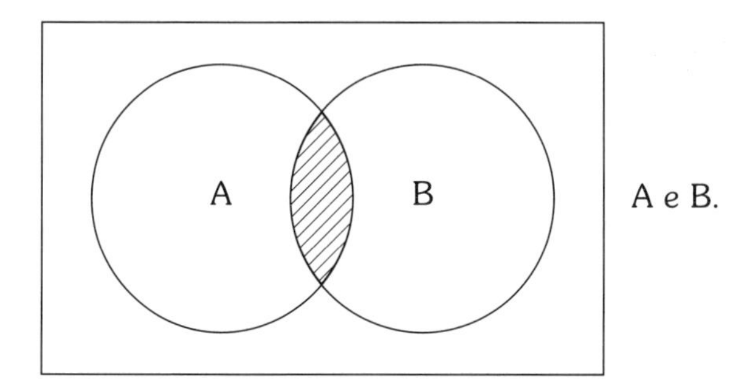

A e B.

i Propriedades da intersecção

1. Idempotência: $A \cap A = A$
2. Comutatividade: $A \cap B = B \cap A$
3. Associatividade: $A \cap (B \cap C) = (A \cap B) \cap C$.

Existe uma analogia entre a reunião e a soma ou adição aritmética; igualmente entre a intersecção e o produto ou multiplicação aritmética. Por isso, falamos também de «soma lógica» para a reunião e de «produto lógico» para a intersecção, apesar de a soma aritmética não ser idempotente.

ii A classe vazia: ∅

A intersecção de duas classes disjuntas é uma classe vazia: ∅

Considerem-se A e B duas classes disjuntas, então $A \cap B = \emptyset$.

iii Intersecção e inclusão

$A \subseteq B$ se e somente se $A \cap B = A$

iv Intersecção e reunião

$A \cup (A \cap B) = A$
$A \cap (A \cup B) = A$

Distributividade:
$A \cup (B \cap C) = (A \cup B) \cap (A \cup C)$
$A \cap (B \cup C) = (A \cap B) \cup (A \cap C)$

A intersecção é distributiva em relação à reunião e reciprocamente.

d A complementação

O complemento da classe B relativamente à classe A é a classe dos elementos de A que não pertencem a B. É a classe A – B.

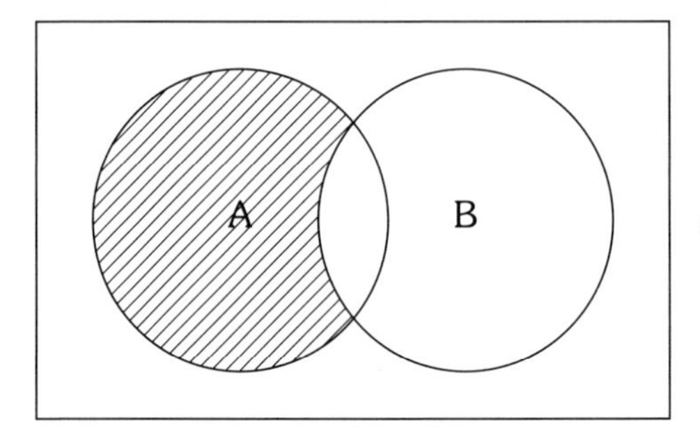

A – B complemento de B

i Propriedades da complementação

1. Não é idempotente: $A - A = \varnothing$
2. Não é comutativa nem associativa: $A - (B - C) (A - B) - C$

Isto pode ser verificado com a ajuda dos diagramas de VENN.

ii Complementação e inclusão

$A \subseteq B$ se e somente se $A - B = \varnothing$

iii Complementação e reunião exclusiva

$A \mathrm{W} B = (A \cup B) - (A \cap B)$

iv Universo do discurso e complemento

O universo do discurso é o conjunto global no qual se situa uma classe. A sua notação é μ. Qualquer classe está incluída no universo do discurso.

$A - \mu = \varnothing$
$\mu - A =$ complemento de A relativamente a $\mu = \sim A$

$\mu - (\mu - A) = A$ o que significa que o complemento do complemento de uma classe equivale a essa classe. Daí pode decorrer o princípio da dupla negação $\sim(\sim A) = A$.

e Propriedades de $\varnothing$ e de μ

Considerem-se as classes A e B, então:

- $A \cap \sim A = \varnothing$
- $B \cap \varnothing = \varnothing$
- $B \cup (A \cap \sim A) = B$
- Uma vez que $\varnothing \cap B = \varnothing$ e que $A \cap B = A$, se $A \subseteq B$, então $\varnothing \subseteq B$, o que significa que a classe vazia está compreendida em toda a classe.
- $\mu - \varnothing = \mu$ então $\sim\varnothing = \mu$
- $A \cup \sim A = \mu$
- $B \cap \mu = B$
- $B \cap (A \cup \sim A) = B$.

6.3.2 *Funções e variáveis boolianas*

a Generalidades

George BOOLE (1815-1864) foi um matemático inglês que desejava submeter o raciocínio lógico a regras adequadas de cálculo. *An Investigation of the Laws of Thought*, editado em 1854, é a primeira obra que trata o pensamento de maneira matemática, combinando as operações da lógica de classes e uma álgebra cujos símbolos x, y, z, etc. admitem os valores 1 ou 0 e apenas estes valores.

b As variáveis boolianas

Considere-se o conjunto E = [a, b, c, d] e três subconjuntos A, B e C.

	a	b	c	d
A		x		
B		y		
C		z		

As variáveis x, y e z determinam a pertença de b aos subconjuntos A, B e C. Se $x = 0$, então $b \notin A$. Se $x = 1$, então $b \in A$. Se $y = 0$, $b \notin B$ e assim sucessivamente. Podemos então praticar as operações clássicas de reunião, intersecção e complementação.

i Reunião ou soma booliana (notada $\oplus$)

$x = 0, y = 0$, portanto $x \oplus y = 0$ $(b \notin A \cup B)$
$x = 0, y = 1$, portanto $x \oplus y = 1$ $(b \in A \cup B)$
$x = 1, y = 0$, portanto $x \oplus y = 1$ $(b \in A \cup B)$
$x = 1, y = 1$, portanto $x \oplus y = 1$ $(b \in A \cup B)$

ii Intersecção ou produto booliano (notado $\bullet$)

$x = 0, y = 0$, portanto $x \bullet y = 0$ $(b \notin A \cap B)$
$x = 0, y = 1$, portanto $x \bullet y = 0$ $(b \notin A \cap B)$
$x = 1, y = 0$, portanto $x \bullet y = 0$ $(b \notin A \cap B)$
$x = 1, y = 1$, portanto $x \bullet y = 1$ $(b \in A \cap B)$

iii Complementação (notada: complemento de x: ~x)

$x = 0$ se $b \notin A$ quer dizer se $b \in \sim A$ (complemento de A)

$x = 1$ se $b \in A$ quer dizer se $b \notin \sim A$

Ou ainda: $\sim x = 0$ se $x = 1$
$\sim x = 1$ se $x = 0$

iv Propriedade das variáveis boolianas

- Comutatividade: $x \oplus y = y \oplus x$
  $x \bullet y = y \bullet x$
- Associatividade: $x \bullet (y \bullet z) = (x \bullet y) \bullet z$
  $x \oplus (y \oplus z) = (x \oplus y) \oplus z$
- Idempotência: $x \bullet x = x$
  $x \oplus x = x$
- Distributividade: $x \bullet (y \oplus z) = (x \bullet y) \oplus (x \bullet z)$
  $x \oplus (y \bullet z) = (x \oplus y) \bullet (x \oplus z)$
- Outras propriedades: $x \bullet \sim x = 0$
  $x \oplus \sim x = 1$
  $x \bullet 0 = 0$
  $x \oplus 0 = x$
  $x \bullet 1 = x$
  $x \oplus 1 = 1$

- Teorema de De Morgan: $\sim(x \bullet y) = \sim x \oplus \sim y$
  $\sim(x \oplus y) = \sim x \bullet \sim y$
- Absorção: $x \oplus x \bullet y = x$
  $x \bullet (x \oplus y) = x$

c As funções de variáveis boolianas

Combinando várias variáveis boolianas pelos símbolos ($\oplus$), ($\bullet$), *e* ($\sim$), formamos funções boolianas que são elas mesmas variáveis boolianas, uma vez que podem assmuir os valores 1 ou 0.

$$f(x, y, z) = (x \oplus \sim y) \bullet (z \oplus \sim(x \bullet y))$$

$$f(x, y, z, t) = (x \oplus y) \bullet (y \oplus z \bullet t) \bullet (z \oplus x) \bullet x \bullet y \bullet z \bullet t$$

são funções boolianas.

6.3.3 *Recapitulação*

	INCLUSÃO	Reunião	Intersecção	Complementação	
PREDICADOS CLASSES CONJUNTOS	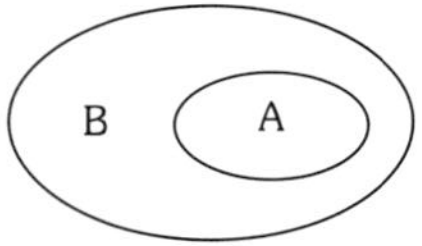 B A $A \subset B$ / $B \supset A$	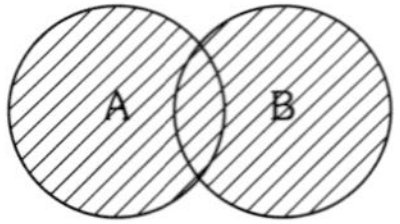 A B $A \cup B$	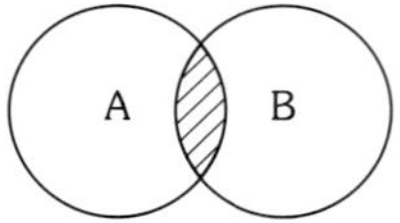 A B $A \cap B$	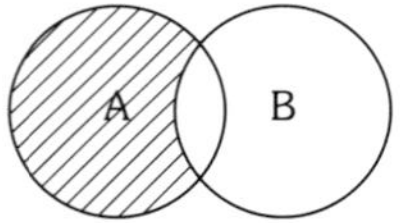 A B A – B Complemento de B	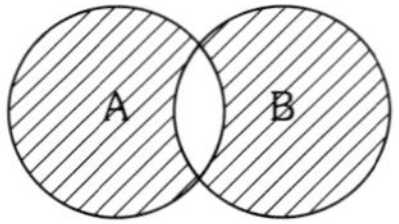 A B $(A \cup B) - (A \cap B)$
LINGUAGEM NATURAL	Se... então B implica A	ou	*e*	não	ou então
ARITMÉTICA		+ Soma	x Produto	– Negação	
LÓGICA DAS PROPOSIÇÕES	⇒ implicação	∨ disjunção inclusiva	∧ conjunção	~ negação	W disjunção exclusiva
BOOLE		• +	•	~	

Nota: Compreendemos melhor a analogia entre a noção de conjunto e a noção de predicado se considerarmos que o juízo predicativo «Todos os homens são mortais» pode ser interpretado como «O conjunto dos homens está incluído no conjunto dos mortais».

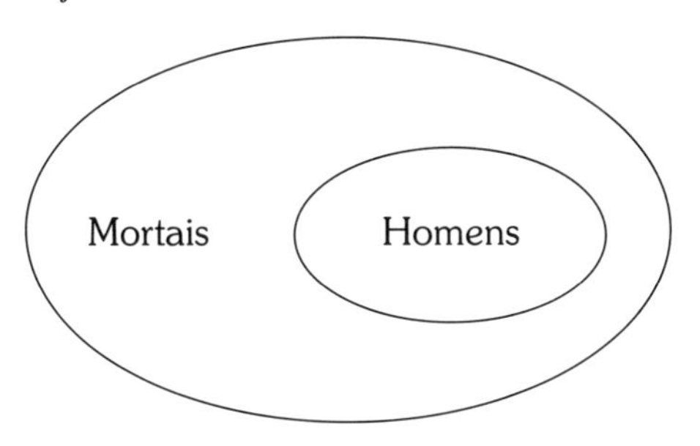

6.4 Exercícios

1. Construir o diagrama de VENN representando ~A ∩ ~B.
   Resposta.

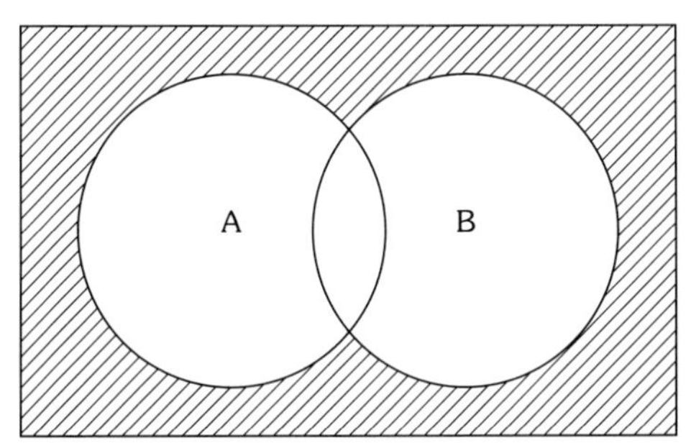

~A ∩ ~B = parte tracejada

2. Verificar com o auxílio dos diagramas de VENN a distributividade da reunião em relação à intersecção.
   Resposta

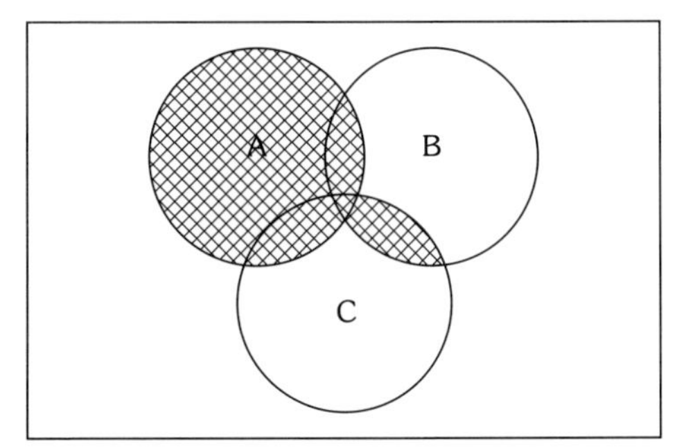

A ∪ (B ∩ C) = (A ∪ B) ∩ (A ∪ C) =

3. Idem para a distributividade da intersecção em relação à reunião.
Resposta

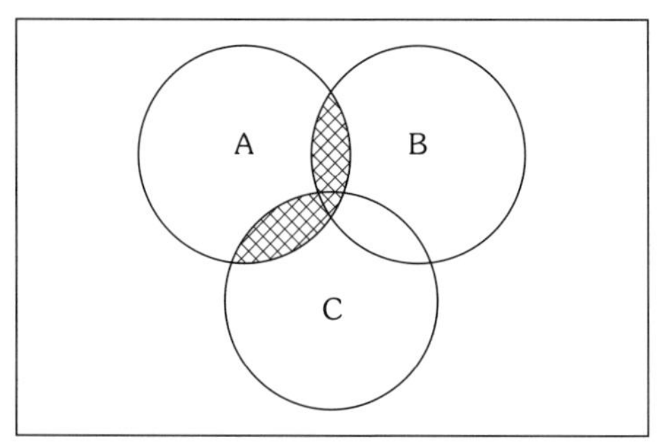

$A \cap (B \cup C) = (A \cap B) \cup (A \cap C)$ ▨ = ▧

4. Traduzir em diagramas de VENN:
A. Todos os homens são mortais.
Resposta

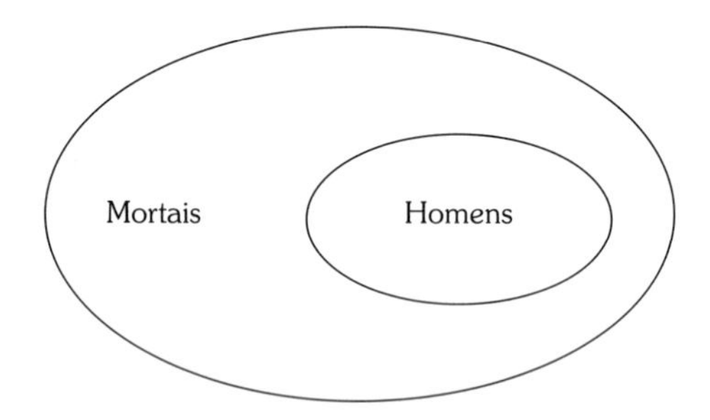

B. Nenhum anjo é mortal.
Resposta

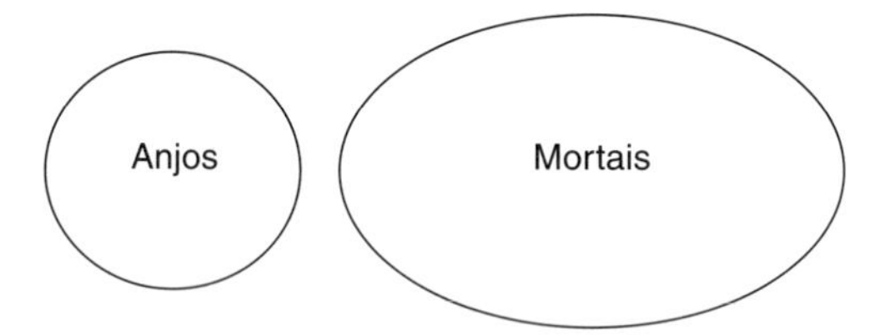

C. Alguns animais são verdes.
Resposta

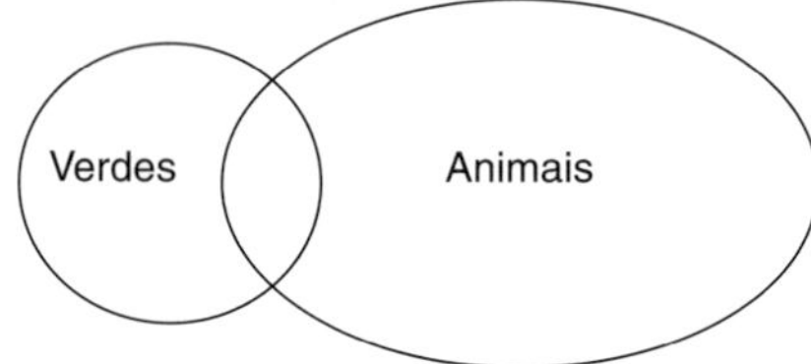

5. Mostrar, por meio de uma tabela de valores que as duas funções boolianas seguintes são apenas uma:
$f1\ (x, y, z) = \sim((x \oplus \sim y) \bullet (\sim y \oplus z))$
$f2\ (x, y, z) = y \bullet (\sim x \oplus \sim z)$
Resposta:

x	y	z	$x \oplus \sim y$	$\sim y \oplus z$	f1		y	$\sim x \oplus \sim z$	f2
1	1	1	1	1	0		1	0	0
1	1	0	1	0	1		1	1	1
1	0	1	1	1	0		0	0	0
1	0	0	1	1	0		0	1	0
0	1	1	0	1	1	1	1	1	
0	1	0	0	0	1		1	1	1
0	0	1	1	1	0		0	1	0
0	0	0	1	1	0		0	1	0

os mesmos valores.

6. Simplificar a seguinte função booliana:
$f\ (x, y, z) = \sim((x \oplus \sim y) \bullet (\sim y \oplus z))$
Resposta: $f\ (x, y, z) = \sim(x \oplus \sim y) \oplus \sim(\sim y \oplus z)$ (De Morgan)
$= \sim x \bullet y \oplus y \oplus y \bullet \sim z$ (De Morgan)
$= y \bullet (\sim x \oplus \sim z)$ (distributividade)

6.5 Contextualização científica

Tecnologia das operações lógicas[1]

As tecnologias electromecânicas clássicas utilizam circuitos de interruptores para manipular as funções lógicas boolianas. Os circuitos de interruptores são de dois tipos: um deixa passar a corrente quando está em repouso (interruptores com contacto em repouso), enquanto que o outro tipo deixa passar a corrente quando activado (interruptores com o contacto em funcionamento). Se os contactos dos interruptores estiverem em repouso, representam as variáveis x, y, z...; e se os contactos estiverem em funcionamento, representam os complementares ~x, ~y, ~z... Assim, combinando os circuitos de interruptores, quer em série para a intersecção, quer em paralelo para a reunião, podemos construir um circuito eléctrico que represente uma função booliana.

[1] Segundo A. Kaufmann, *Mathématiques nouvelles pour mieux comprendre l'informatique*, Paris, Entreprise Moderne d'Edition, 1974

Exemplos:

1.

A corrente só passa entre E e S se os interruptores x e y estiverem fechados.

x fechado $\Rightarrow$ $x = 1$

x aberto $\Rightarrow$ $x = 0$

Idem para y.

Este circuito é representativo da função booliana $f(x, y) = x \bullet y$

2.

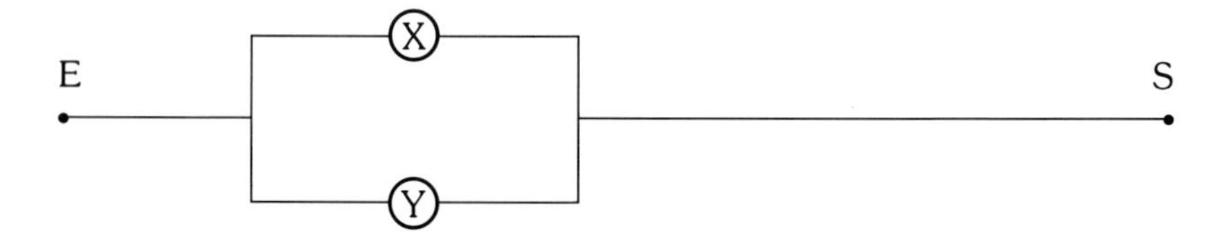

Interruptores em paralelo: $f(x, y) = x \oplus y$

3.

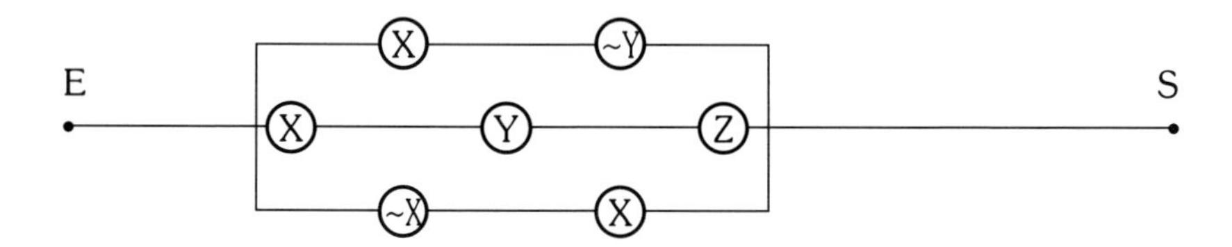

$f(x, y, z) = (x \bullet \sim y) \oplus (x \bullet y \bullet z) \oplus (\sim x \bullet x)$

4.

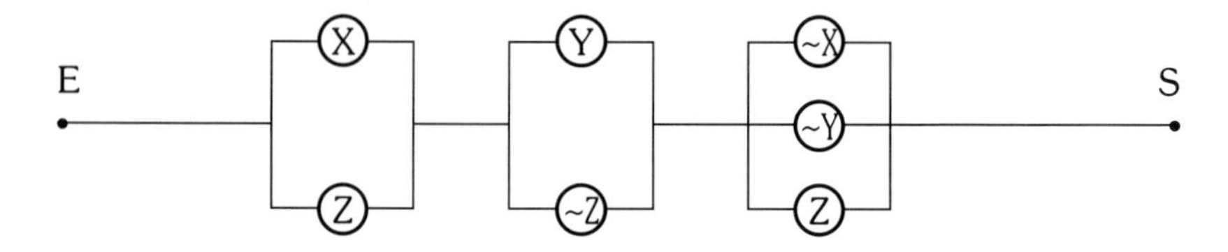

$f(x, y, z) = (x \oplus z) \bullet (y \oplus \sim z) \bullet (\sim x \oplus \sim y \oplus z)$

As tecnologias modernas são mais sofisticadas, mas o princípio é idêntico: provocar uma escolha entre 0 e 1, quer por um fluxo de electrões que fixa um potencial P1 ou P2, quer pelas técnicas do transístor, e até mesmo, actualmente, do *laser*. Seria preciso poder matizar estes circuitos. Como imaginar uma passagem de informação mais matizada que 0 e 1? Existe uma teoria dos «subconjuntos vagos» que qualifica a pertença do elemento ao subconjunto, mas ainda não é possível idealizar uma máquina que integre esta teoria e que reaja de um modo diferente de «tudo ou nada». Actualmente, os investigadores orientam as suas pesquisas para o tratamento de informação na natureza biológica, que provavelmente descobrirá novos dados para as máquinas do século XXI.

Capítulo 2

A lógica clássica dos predicados

INTRODUÇÃO

A lógica das proposições parte da noção de acontecimento ou de facto. A proposição p (variável p, argumento p) representa um facto: «O Pedro está doente», «A Patrícia estuda». A lógica dos predicados parte da noção de objecto. Trata-se então de definir o objecto, situando-o numa classe que situamos relativamente a outras classes. Esta lógica da classificação foi notavelmente elaborada por ARISTÓTELES no século IV A.C. É o tema deste segundo capítulo.
A obra lógica de Aristóteles (384-322 a.C.) está reunida sob o título de ORGANON (ferramenta). Trata-se de 5 livros.

1. O Tratado das Categorias. *Estudo das propriedades do conceito ou do termo, que ARISTÓTELES denomina «categorias» e que os escolásticos denominam «predicamentos».*
2. O Tratado da Interpretação, que *contém a teoria da proposição.*
3. Os Primeiros Analíticos, que *contém a teoria do silogismo. Para Aristóteles, um raciocínio é analítico quando trata do verdadeiro ou do falso, por oposição à dialéctica, que trata apenas do verosímil. O 1.º caso é o da ciência, enquanto que o 2.º caso é o da opinião.*
4. Os Segundos Analíticos, que *contém a teoria da demonstração: os princípios da demonstração, os diferentes géneros...*
5. Os Tópicos, dividido em *2 partes: a primeira parte estuda os «lugares--comuns»* (topoi) *que podem servir à dialéctica, enquanto que a segunda parte diz respeito às «Refutações sofísticas». Certos exegetas de Aristóteles consideram que esta 2.ª parte é um livro autónomo. Em*

todo o caso, a reunião destes livros sob o título Organon *é posterior a Aristóteles.*

O plano deste capítulo assenta na própria estrutura do silogismo clássico. Considere-se o seguinte raciocínio:

Maior: todos os homens são mortais.

Menor: todos os portugueses são homens.

Conclusão: todos os portugueses são mortais.

Este raciocínio é composto por três proposições ou juízos, e cada proposição é composta por dois termos ou conceitos.
Para proceder metodicamente, é preciso começar pela teoria do conceito ou do termo, encadeamdo-a com a teoria do juízo ou da proposição, para aceder finalmente às delícias sublimes da teoria do raciocínio.
A exposição da teoria que se segue ultrapassa um pouco a lógica de Aristóteles e representa mais exactamente o estádio de acabamento que o movimento aristotélico-tomista lhe soube dar. Trata-se de uma síntese da ciência lógica desde ARISTÓTELES até às inovações de FREGE (1879).

1. TEORIA DO CONCEITO OU DO TERMO

1.1 Objectivos

O estudo desta unidade permitirá:

1. Compreender as noções de extensão e de compreensão de um conceito.
2. Construir «árvores de PORFÍRIO», ou seja, classificar os conceitos segundo o seu género e espécie.

1.2 Termos-chave

Conceito – termo – compreensão – extensão – género – espécie – diferença – próprio – acidente

1.3 Teoria

O elemento de base da lógica aristotélica é o conceito. O conceito, ou noção, ou ideia, é o resultado de uma operação do espírito que faz com que coloquemos determinado objecto numa determinada categoria e não noutra. O conceito de «gato» não designa um gato *específico* (*hic et nunc*), mas sim o conjunto das propriedades que fazem com que um gato seja um gato e não um rato. Ora, isto não é imediatamente evidente, pois não há nada mais vago do que a noção de conceito. Utilizamos constantemente os conceitos sem saber bem do que se trata. Quanto ao termo, é a expressão linguística do conceito, o signo que o representa no seio da linguagem. Com efeito, no plano puramente lógico, podemos admitir a equivalência entre termo e conceito.

O conceito tem duas propriedades: *a extensão e a compreensão.*

1. A extensão de um termo é o conjunto dos sujeitos aos quais se aplica. A extensão do conceito «pássaro» é um conjunto em que encontramos pombos, canários, corvos, etc.
2. A compreensão de um termo é o conjunto das propriedades (predicados) que convêm a esse termo. É a definição do termo. A compreensão do conceito «pássaro» é um conjunto em que encontramos bico, patas, asas, etc.

Podemos ainda formular as coisas de outro modo: a extensão corresponde a todos os elementos que o termo abarca e a compreensão corresponde a todos os elementos que ele compreende.
Avancemos um pouco mais: o conceito «animal» é menos rigoroso do que o conceito «pássaro», o que significa que a sua compreensão é mais fraca. Todavia, este conceito «animal» aplica-se a mais sujeitos do que o conceito de «pássaro», o que significa que a sua extensão é mais forte. Do mesmo modo, o conceito «pombo» tem uma compreensão mais forte do que o conceito «pássaro», mas uma extensão mais fraca. Isto leva-nos a formular a nossa primeira regra de lógica.

A compreensão de um termo (conceito) é inversamente proporcional à sua extensão, e reciprocamente.

Por outras palavras, quanto mais lato é o conceito, mais numerosos são os indivíduos a que se aplica. Inversamente, quanto mais restrito é o conceito, menos numerosos são os indivíduos a que se aplica. O conceito «coisa» é de tal modo vago que podemos aplicá-lo a tudo. O conceito de «trombone» é evidentemente mais preciso, mas a sua extensão é também mais reduzida. Os princípios de extensão e de compreensão permitem classificar os conceitos numa figura denominada «Árvore de Porfírio», do nome deste filósofo que ocupava os seus tempos livres com este género de disciplina (234-305).

1.4 Exercícios

1. Construir a árvore de PORFÍRIO a partir dos seguintes conceitos: faia – homem – diamante – substância imaterial – folha – gamo – mineral – árvore – substância – vegetal – animal – ateu – marxista – argila – substância material.
Resposta:

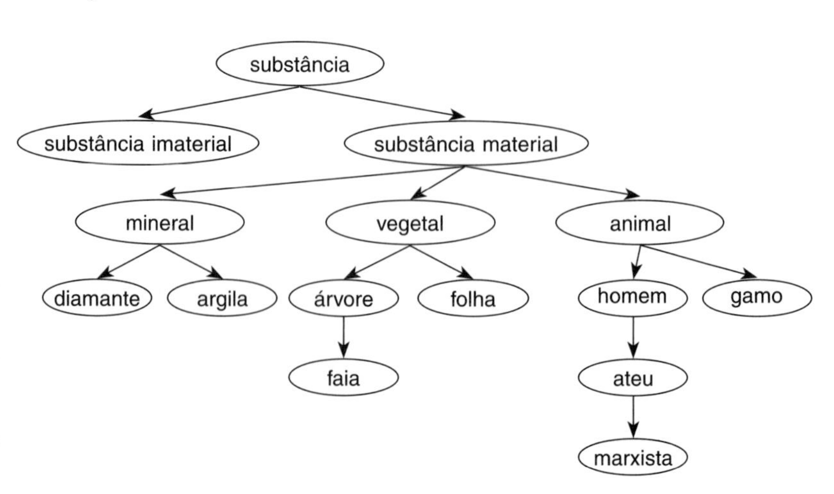

Cada conceito é género em relação aos seus inferiores, e espécie relativamente aos seus superiores. Atenção! O termo «folha» deve figurar sob o termo «vegetal» e não sob o termo «árvore»: a árvore de PORFÍRIO é uma classificação género-espécie e não uma classificação conjunto-elemento.

2. Idem.
Conceitos: polígono – quadrado – triângulo equilátero – paralelograma – triângulo isósceles – quadrilátero – figura plana – losango – triângulo – figura – rectângulo – triângulo escaleno – trapézio.
Resposta:

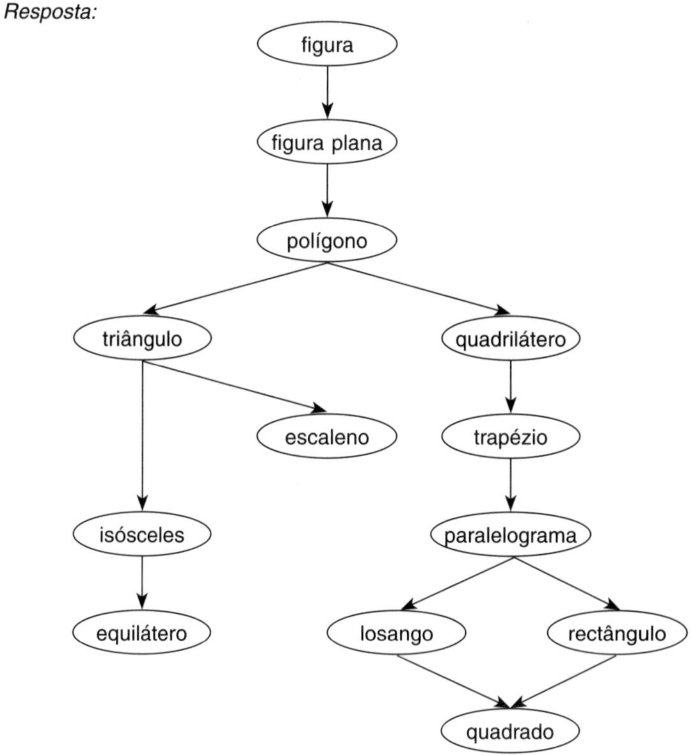

3. Idem.
Conceitos: substância – vegetal – homem – folha – índio – animal – roseira.
Resposta:

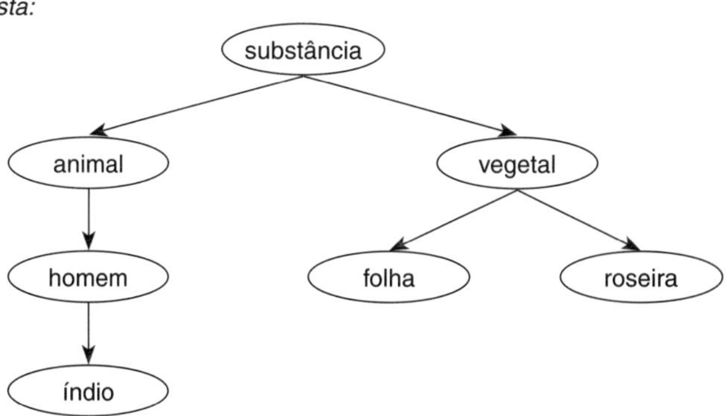

1.5 Contextualização científica

Os predicáveis

Nos *Tópicos*, Aristóteles estuda quatro predicáveis ou categorias que caracterizam tudo o que é possível dizer de um sujeito qualquer. Em *Introdução aos Inteligíveis*, PORFÍRIO (234-305) estuda 5 predicáveis, que serão mantidos inalterados na tradição aristotélico-tomista.

1. Um termo é GÉNERO pela sua relação aos termos inferiores. O termo «argila» faz parte do género «mineral». Um predicável não é um predicado, mas um conjunto de predicados, uma soma de atributos. O género «animal» abrange predicados ou atributos comuns ao pássaro, à girafa, ao cão, etc.

2. Um termo é ESPÉCIE pela sua relação aos termos superiores. O termo «folha» é uma espécie do género «vegetal». A espécie corresponde à essência das coisas, à definição, àquilo sem o qual a coisa não seria o que é.

3. Um termo é DIFERENÇA se caracterizar uma espécie de outra num género. Aliás, os lógicos falam frequentemente de diferença específica. Exemplo: o homem é um animal racional. «Racional» exprime uma diferença entre «homem» e «animal», enquanto que o homem faz parte do género «animal».

4. Um termo é PRÓPRIO se sublinha um carácter específico, mas não necessário da espécie. Exemplo: o riso é próprio do homem: só o homem pode rir, mas nem todos os homens riem necessariamente.

5. Um termo é um ACIDENTE quando sublinha um carácter facultativo, não-específico, acidental de um conceito. O acidente não está ligado à essência do sujeito: um homem branco ou negro é sempre um homem.

Quadro dos predicáveis

Considere-se o indivíduo X com as características (atributos, predicados) repartidas da maneira seguinte:

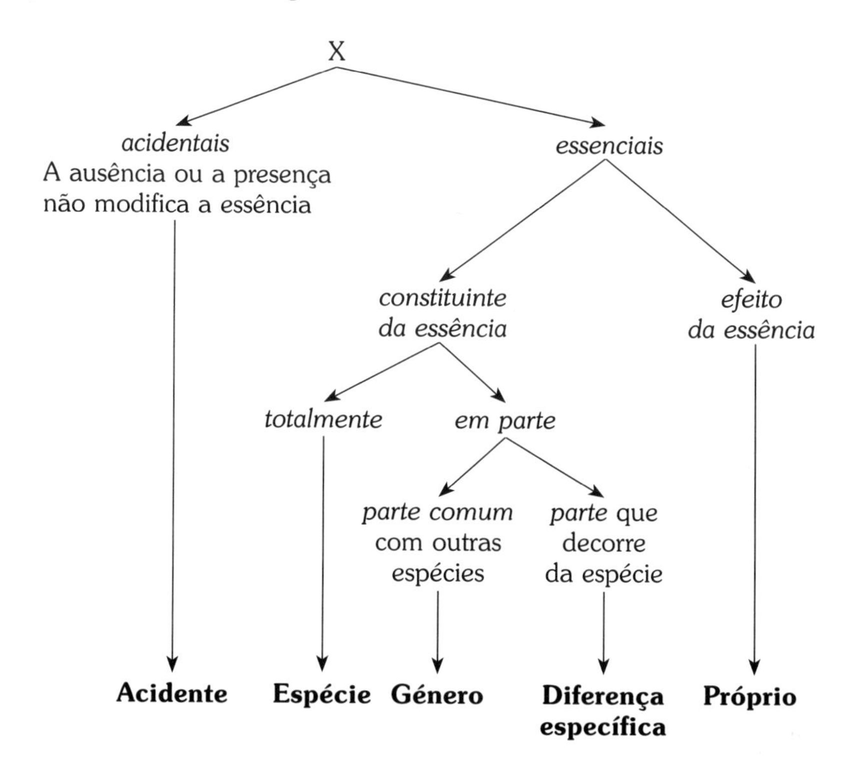

2 TEORIA DO JUÍZO OU DA PROPOSIÇÃO

2.1 Objectivos

O estudo desta unidade permitirá:

1. Compreender a estrutura de uma proposição (enunciado, juízo).
2. Dominar os diferentes tipos de proposição, ou seja, conhecer as classificações correntes, o seu critério de classificação, as suas vantagens e limites.

2.2 Termos-chave

Juízo – proposição – enunciado – sujeito – cópula – predicado – quantidade – qualidade – relação – modalidade – categórico – assertório – apodíctico – problemático – analítico – sintético – verificativos – performativos – universal – particular – singular – indefinido.

2.3 Teoria

2.3.1 *Definição*

O juízo é uma relação entre conceitos e a proposição é a expressão linguística do juízo. Para Aristóteles, o juízo predicativo (ou atributivo) é o juízo por excelência, ao qual podemos reduzir todos os outros. O juízo predicativo, que é a forma que todo o conhecimento deve tomar, é composto por um sujeito, uma cópula (o verbo «ser») e por um predicado ou atributo.

Exemplo:	Os navegadores	são	corajosos
	sujeito	**cópula**	**predicado/atributo**.

Em lógica moderna, o juízo predicativo exprime a inclusão ou exclusão de duas classes. O exemplo é um caso de inclusão

2.3.2 *Classificação*

Podemos dividir ou classificar as proposições segundo inúmeros critérios, mas nenhuma classificação é inteiramente satisfatória. Mencionemos, em primeiro lugar, uma classificação corrente (ARISTÓTELES) que opera segundo 4 critérios: a quantidade, a qualidade, a relação e a modalidade.

A. ***A quantidade*** do juízo corresponde à extensão do sujeito. Assim, existem juízos:
   - UNIVERSAIS: Todos os homens são mortais.
   - PARTICULARES: Alguns homens são negros.
   - SINGULARES: Sócrates é filósofo.

A lógica clássica não conserva os juízos singulares e considera que os podemos assimilar a juízos universais, uma vez que podemos dizer: «A totalidade de Sócrates é filósofo», o que não é muito elegante, mas simplifica «singularmente» as coisas!

B. ***A qualidade*** do juízo depende da cópula (afirmativa ou negativa). Existem, então, juízos:
   - AFIRMATIVOS: Os gatos são carnívoros.
   - NEGATIVOS: Os anjos não são mortais.
   - INDEFINIDOS: Os juristas são não-alegres.

A lógica clássica não conserva os juízos indefinidos, que mantêm uma graciosidade artística ao nível do predicado, mas cuja cópula permanece afirmativa. Estes juízos têm um sentido num sistema não-binário, no qual «não-alegre» não implica necessariamente «triste». Os juízos indefinidos não têm lugar numa lógica clássica binária, que supõe que juristas não-alegres são tristes.

C. ***A relação*** especifica as relações estabelecidas entre juízos. Existem, portanto, juízos:
   - CATEGÓRICOS: os automóveis são vermelhos.
     É um juízo simples (único), sem relação.
   - HIPOTÉTICOS: se chove, uso o meu guarda-chuva.
     O primeiro é antecedente e o segundo consequente.
   - DISJUNTIVOS: ou trabalhas ou passeias.

D. ***A modalidade*** especifica o tipo de relação existente entre os dois conceitos: relação de necessidade ou de possibilidade. Existem, então, os juízos:

- ASSERTÓRIOS: a casa é vermelha.
  Constata-se um simples facto, sem insistir no seu carácter necessário ou possível.
- APODÍCTICOS ou NECESSÁRIOS: os homens são mortais.
  «Homem» implica necessariamente «mortal».
- PROBLEMÁTICOS ou POSSÍVEIS: os juristas são honestos.

Esta classificação de Kant requer duas observações:

1. Cada juízo pode ser qualificado de 4 maneiras. Assim, «todos os homens são mortais» é um juízo universal, afirmativo, categórico e apodíctico.
2. Esta classificação nem sempre é cómoda em lógica: já sublinhámos o carácter um pouco gracioso dos juízos singulares e indefinidos; além disso, o critério de relação pressupõe mais de 3 juízos. Finalmente, o critério de modalidade é discutível e até mesmo discutido, como veremos no capítulo 4. Por estas razões, é necessário modificar um pouco a classificação kantiana ou, mais exactamente, apresentá-la de outro modo.

2.3.3 *As proposições simples, compostas e modais*

a As proposições simples

São as proposições predicativas que podemos construir segundo os critérios de QUANTIDADE e de QUALIDADE, negligenciando os singulares e os indefinidos. Isso dá-nos os quatro tipos de proposições fundamentais que a tradição simboliza com vogais:

1. A proposição universal afirmativa: A
2. A proposição universal negativa: E
3. A proposição particular afirmativa I
4. A proposição particular negativa: O

A sequência dos acontecimentos mostrará que é útil perceber rapidamente a extensão dos conceitos em cada proposição. Para os sujeitos, a sua extensão é universal nas proposições universais (A e E) e particular nas proposições particulares (I e O). Quanto aos predicados, a sua extensão é particular nas proposições afirmativas (A e I) e universal nas proposições negativas (E e O). Com efeito, quando digo «todos os gatos são animais», digo: «todos os gatos são *determinados* animais». Quando digo «nenhum anjo é mortal», quero dizer: «não existe nenhum anjo em *toda* a categoria dos mortais». Tudo isto pode ser resumido da seguinte maneira:

Proposição	Sujeito	Predicado
A	universal	particular
E	universal	universal
I	particular	particular
O	particular	universal

O estudo das proposições simples é o objectivo deste capítulo 2.

b As proposições compostas

Já não se trata da relação entre o sujeito e o predicado, mas antes de uma relação entre dois juízos ou proposições. As mais correntes são as seguintes:

1. As proposições copulativas ou conjuntivas (E):
   «O Pedro lê e o Lucas trabalha».
2. As proposições disjuntivas exclusivas (OU):
   «Uma porta está aberta ou fechada».
   Uma das proposições exclui a outra.
3. As proposições disjuntivas inclusivas (OU):
   «O Pedro é advogado ou professor».
   As duas proposições são simultaneamente possíveis.
4. As proposições condicionais ou hipotéticas (SE – ENTÃO):
   «Se chove, então levo o guarda-chuva».

Podemos ainda assinalar as proposições causais (porque), as proposições relativas (como) e as proposições adversativas (apesar de, mas, todavia). Estas últimas não são estudadas em lógica porque a sua verdade não depende apenas da verdade de cada proposição simples, mas da verdade da relação entre estas. Certos lógicos pensam, por exemplo, que a relação de causalidade não é mais do que um hábito de linguagem e que as relações causa-efeito não possuem qualquer fundamento lógico. Em compensação, as 4 primeiras proposições mencionadas fazem a alegria dos lógicos modernos e são o assunto do capítulo 1 deste livro: a lógica das proposições.

c As proposições modais

As proposições modais não têm boa reputação, pois são complicadas e por vezes equívocas, e daí o seu cognome *crux logicorum* (a cruz dos lógicos). Do mesmo modo, um provérbio afirma que um burro não pode apreciar as modais: *de modalibus non gustabit asinus*.

Provisoriamente, admitiremos que existem 4 proposições modais construídas a partir de 4 modalidades.

1. A possibilidade (*posse esse*).
   «É possível que o Pedro seja bom».
2. A impossibilidade (*non posse esse*).
   «É impossível que o Pedro seja perfeito».
3. A contingência (*posse non esse*).
   «É contingente que o Pedro esteja vivo».
4. A necessidade (*non posse non esse*).
   «É necessário que o Pedro seja homem».

Aristóteles propõe outra classificação, interpretando as modalidades de um modo diferente. As proposições modais são estudadas no capítulo 4, no âmbito das lógicas não-clássicas.

2.4 Exercícios

Reduzir as seguintes proposições a juízos predicativos.

1. Não existe fumo sem fogo.

Resposta:	Todo o fumo	é	significativo de fogo.
	S	C	P

2. Que fazer?

Resposta:	O que	é	que deve ser feito?
	S	C	P

3. É perigoso debruçar-se para fora.

Resposta:	O facto de se debruçar	é	perigoso.
	S	C	P

4. Proibido afixar.

Resposta:	Os anúncios	são	proibidos.
	S	C	P

5. Parte!

Resposta:	Tu	é	que deves partir.
	S	C	P

6. 3 + 2 = 5

Resposta:	A soma de 3 e 2	é	5.
	S	C	P

7. Chove.

Resposta:	A chuva	está	presente.
	S	C	P

8. Ele existe.

Resposta:	Ele	é	existente
	S	C	P

2.5 Contextualização científica

Outras classificações

1. Para KANT (1724-1804), existem três tipos de juízos: lógico, empírico e metafísico.

A. Os juízos lógicos ou *analíticos* ou tautológicos enunciam um predicado que está já pensado no sujeito: «o triângulo tem 3 lados», «o homem é um ser racional». O predicado não nos ensina nada sobre o sujeito, daí a denominação de juízos tautológicos. Por conseguinte, é com assombro que verificamos que a lógica nunca nos ensina nada de novo, mas ensina-nos a dizer a mesma coisa de 36 maneiras diferentes, o que não é de modo algum negligenciável! Estes juízos são *a priori*, quer dizer, independentes da experiência sensível, e a sua legitimidade decorre do princípio de não-contradição ($a \neq \sim a$), que é o próprio fundamento da lógica.

B. Os juízos empíricos, ou *sintéticos a posteriori*. São sintéticos porque operam uma síntese entre o predicado e o sujeito, o que significa que o predicado traz uma nova informação sobre o sujeito; são *a posteriori* porque esta nova informação é obtida *após* a experiência, daí o nome de juízos empíricos: «A mesa é verde», «O cão dorme».

C. Os juízos sintéticos *a priori* ou metafísicos. O juízo traz uma informação nova (sintética) independentemente da experiência sensível (*a priori*). Para KANT, estes juízos abrangem também os juízos matemáticos «$7 + 5 = 12$», geométricos «a soma dos ângulos de um triângulo $= 180°$», físicos «qualquer acontecimento tem uma causa». Assim, o matemático faz metafísica sem se aperceber!

Esta célebre classificação é evidentemente discutível: assim, o juízo «a Terra é redonda» é um juízo sintético *a priori* antes do século XVI e um juízo analítico desde que tivemos a prova de que é redonda. Em todo o caso, esta classificação é um limite filosófico, um excelente ponto de referência, uma vez que inúmeros filósofos se lhe referem para a aceitar ou para a criticar.

2. Para J. L. AUSTIN (1911-1960), existem dois tipos de juízos ou enunciados: verificativo ou performativo.

A. Os enunciados *verificativos* descrevem ou verificam a realidade: «a Terra é redonda», «a água ferve a 100°». Estes enunciados verificativos ou descritivos são verdadeiros ou falsos.

B. Os enunciados *performativos* criam uma situação. O locutor faz o que ele diz, a palavra não descreve uma situação, mas modifica-a.

Qualquer coisa, que não existia antes da palavra, passa a existir após a palavra: «desejo-lhe as boas vindas», «eu te baptizo», «aceito-te como esposa», «declaramo-lo culpado», «o guarda-redes vai para a rua». O último exemplo é verificativo se for dito por um espectador, e é performativo se for dito pelo árbitro. O valor de um enunciado perfomativo depende então de todo um ambiente. Assim, o valor de um enunciado performativo não é verdadeiro ou falso, mas antes feliz ou infeliz, consoante o âmbito em que é utilizado. O uso feliz de um enunciado performativo pressupõe um certo enquadramento ritual, uma convenção colectiva, um procedimento a seguir. «Aceito-te por esposa» é um performativo feliz em circunstâncias bem específicas.

Mas, uma vez mais, as coisas não são assim tão claras: já esclarecemos que os enunciados verificativos são verdadeiros ou falsos consoante a adequação da descrição e que os enunciados performativos são felizes ou infelizes em função do âmbito em que são formulados. Atentemos no exemplo seguinte: «a França é hexagonal»; este enunciado, aparentemente verificativo, é verdadeiro aos olhos de um artista que apenas se interesse pela forma global, mas é falso aos olhos do geógrafo, que exige mais matizes. O valor deste enunciado verificativo depende, portanto, do âmbito em que é formulado, como acontece com os enunciados performativos. Do mesmo modo, o enunciado «cão mau» parece ser verificativo, mas pode significar «desconfie, esteja atento», e é então performativo. Estes exemplos e muitos outros incitam certos autores a questionarem a distinção verificativo-performativo. Certos autores pensam até que todos os enunciados ou juízos são mais ou menos performativos.

3. J. DOPP (1901-1978) propõe uma classificação das diferentes utilizações da linguagem, sugerindo um tipo de lógica que permitiria apreendê-los.

1. A utilização expressiva é a descrição de um estado de consciência do sujeito: «estou feliz por estar aqui», «creio que podes ser bem sucedido», «espero voltar a ver-te». Uma lógica da utilização expressiva seria uma lógica fundada na dicotomia sincero/não-sincero.

2. A utilização didáctica é a descrição de um estado objectivo ou «estado do mundo»: «A Lua é redonda», «Paris é a capital da França». Uma lógica da utilização didáctica seria uma lógica fundada na dicotomia efectivo/não-efectivo. Uma tal lógica da verdade e da falsidade como adequação ou inadequação estende-se ao domínio da epistemologia, o que não deve ser do agrado dos formalistas puros.

3. A utilização discursiva é o uso das palavras para compreender, para ordenar as ideias, para garantir a coerência do discurso: «Tentemos ver claro...», «de que modo poderíamos exprimir isso?». Uma lógica

da utilização discursiva é uma lógica fundada na dicotomia válido/ /não-válido, o que corresponde mais ou menos ao domínio da lógica clássica. Para esta utilização específica, a oficina de estudo está, portanto, bem estabelecida!

4. A utilização performativa modifica um estado do mundo. O locutor faz o que diz, as suas palavras criam uma realidade. «Declaramo-lo culpado», «aceito-te por esposa», «Golo!». Uma lógica da utilização performativa seria uma lógica fundada na dicotomia gracioso/ /não-gracioso, ou feliz/infeliz, na medida em que a expressão linguística corresponde ou não aos dados do ambiente extra-linguístico.
5. A utilização normativa descreve um ideal, um projecto, um «dever ser». «Deves estudar», «Vou deixar de fumar». Uma lógica da utilização normativa poderia funcionar a partir das quatro modalidades (necessário, impossível, possível, contingente), como sublinhámos neste parágrafo.
6. A utilização pictórica descreve uma situação, uma pessoa ou um objecto com o fim de despertar certa convicção no auditor. É o que acontece frequentemente na advocacia. Esta utilização da linguagem diz talvez respeito ao domínio da persuasão não-necessária, da qual se ocupa a argumentação ou a retórica.

3 TEORIA DO RACIOCÍNIO IMEDIATO: A EQUIPOLÊNCIA

3.1 Objectivo

O estudo desta unidade permitirá:

1. Assimilar os princípios clássicos do raciocínio,
2. Efectuar todos os raciocínios possíveis a partir de um único enunciado. Este processo, denominado inferência imediata ou equipolência, ilustra particularmente o objecto da ciência lógica como transformação da informação.

3.2 Termos-chave

Raciocínio – inferência – equipolência – dedução – indução – não-contradição – identidade – terceiro excluído – equivalência – extrapolação – silogismo – oposição – contrária – subcontrária – subalterna – contraditória – conversão – obversão – contraposição.

3.3 Teoria

3.3.1 *Alguns princípios*

O raciocínio ou inferência é um desenvolvimento do conhecimento através de meios lógicos a partir de elementos conhecidos ou admitidos, denominados premissas ou antecedentes. Todo o raciocínio se apoia em alguns princípios fundamentais que podem parecer evidentes, mas que, actualmente, são por vezes questionados.

a O princípio de não contradição

É impossível afirmar e negar simultaneamente um mesmo predicado para um mesmo sujeito. Na linguagem de PARMÉNIDES (século V a.C.): o ser não é o não-ser. E, mais simplesmente: A ≠ não A. Este princípio é o ponto de partida da reflexão lógica que distingue o verdadeiro do falso, o erro da verdade, e é excluído do universo mítico ou poético.

b O princípio de identidade

Aquilo que é, é; o que não é, não é. Mais simplesmente: A = A. Este princípio não é uma trivialidade. É preciso ter a certeza da estabilidade dos conceitos para poder defender um raciocínio. O filósofo HERACLITO (século V a.C.) pensava que a realidade era fluída, que nada permanecia idêntico a si mesmo e que qualquer raciocínio sobre as coisas decorria, portanto, da ficção. Acrescentemos que este princípio aparentemente evidente pode suscitar alguns problemas, como aquele que é proposto por B. RUSSELL (1872-1970): Jorge IV interroga-se se Walter Scott é realmente o autor do romance *Ivanhoe*. Ora, Scott é efectivamente o autor do romance *Ivanhoe*. Portanto, em nome do princípio de identidade, podemos afirmar que o rei Jorge IV se interroga se Walter Scott é efectivamente Walter Scott. Esta reflexão é muito mais do que um jogo de palavras, pois coloca a questão do estatuto do princípio de identidade: tratar-se-á de um simples formalismo puramente teórico que perde todo o crédito ou contacto com a realidade? Uma realidade fundamentalmente múltipla e, portanto, inadequada ao espírito humano, que é fundamentalmente unificador.

c O princípio do terceiro excluído

Toda a coisa é ou não é. Este princípio específico da lógica binária clássica fixa a impossibilidade de um juízo ter outro valor de verdade que o verdadeiro ou o falso (exclusivamente). O capítulo 4 deste livro menciona algumas lógicas plurivalentes que aceitam mais de dois valores de verdade, como acontece com as lógicas probabilísticas, por exemplo, que aceitam uma infinidade de valores de verdade.
Discute-se, por vezes, qual é o princípio mais fundamental dos três. O debate reside entre os dois primeiros. Aristóteles considera que o princípio de não-contradição é a condição dos outros dois princípios.

d O princípio de equivalência

Existe equivalência entre uma dupla negação e uma afirmação:

$$A = \sim(\sim A).$$

Apesar das aparências, este princípio é discutível porque poderíamos muito bem supor que $\sim(\sim A)$ é uma negação reforçada. Assim, se um professor lógico nos disser no exame «não e não passou na prova!», não se deve deduzir imediatamente que passámos em nome do princípio de equivalência entre a dupla negação e a afirmação.

e Do verdadeiro apenas deriva o verdadeiro

Este 5.º princípio deve ser colocado em paralelo com o princípio seguinte.

f Do falso pode derivar o verdadeiro ou o falso

E falso sequitur quodlibet. A verdade justifica-se por si mesma e, portanto, pode ser deduzida tanto do falso como do verdadeiro. Este 6.º princípio intervém na lógica da implicação.

g *Dictum de omni, dictum de parte,* ou princípio de inclusão

É um princípio de dedução. Aquilo que é afirmado sobre o todo, é igualmente afirmado sobre uma parte desse todo.

h Não-extrapolação

A conclusão de um raciocínio não pode ser mais rica do que as premissas. Este princípio fundamental em lógica ilustra perfeitamente o seu estatuto: a lógica não produz nenhuma informação nova, apenas trata a informação que lhe é dada sem a ultrapassar (extrapolar). Na prática do raciocínio (equipolência ou silogismo), isto significa que nunca podemos deduzir o universal do particular. Os Antigos denominavam este erro *sofisma do latius hos*, em referência à sua formulação latina: *latius hos quam praemissae conclusio non vult.*

Note-se, para terminar, que o raciocínio se divide em **indução** e **dedução**. A indução efectua a passagem de juízos particulares para um juízo universal; é o processo científico que passa dos factos às leis. A dedução é o processo inverso, que parte dos juízos gerais para chegar aos juízos particulares. A dedução é o processo privilegiado da lógica e não traz, com efeito, nada de novo no plano do conhecimento, contentando-se em utilizar os dados e em retirar deles o máximo de proveito. Em lógica, a dedução é uma inferência imediata (equipolência) quando retiramos informação a partir de uma única premissa ou proposição; é uma inferência mediata (silogismo) quando trabalhamos a partir de duas ou mais premissas. A equipolência é o tema desta unidade 3. O silogismo é estudado na unidade 4.

3.3.2 *Teoria da inferência imediata (equipolência)*

Vamos estudar todas as técnicas de dedução possíveis para retirar o máximo de informação de uma única proposição simples e categórica. As técnicas da inferência imediata são quatro: oposição, conversão, obversão, contraposição.

a Dedução por oposição

A oposição de duas proposições com o mesmo sujeito e o mesmo predicado é a sua diferença do ponto de vista quer da quantidade, quer da qualidade, quer de ambas simultaneamente. Por outras palavras: a partir de uma proposição A, podemos construir uma proposição E (diferença de qualidade), uma proposição I (diferença de quantidade), uma proposição O (diferença de qualidade e de quantidade).

Exemplo: A: todos os gatos são cinzentos.
E: nenhum gato é cinzento.
I: alguns gatos são cinzentos (existe pelo menos um gato cinzento).
O: alguns gatos não são cinzentos (existe pelo menos um gato que não é cinzento)

Estas diferentes oposições são representadas classicamente num quadrado lógico que especifica os diferentes tipos de oposição:

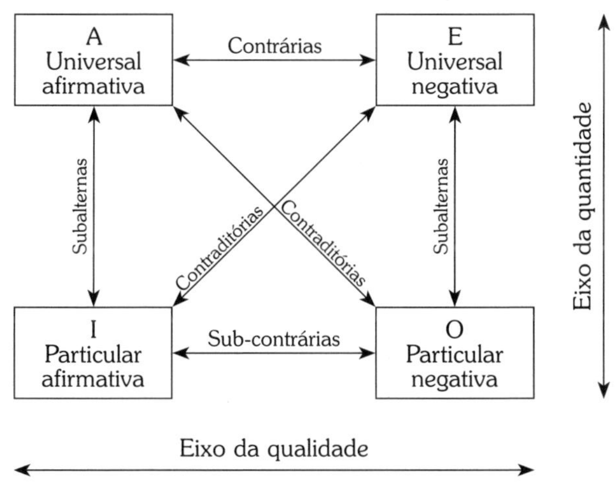

Quais são as regras da dedução por oposição?

i Regras das contraditórias

Diferem pela qualidade e quantidade. Trata-se de uma relação de alternância: se uma é verdadeira, a outra é falsa, e reciprocamente. Por outras palavras, a verdade ou falsidade de uma proposição implica necessariamente a falsidade ou a verdade da proposição contraditória.

$$V \Rightarrow F$$
$$F \Rightarrow V$$

Esta regra é a própria expressão do princípio fundamental de não-contradição em que assenta a lógica. É, portanto, admitida e não demonstrável. A lógica das contraditórias é a lógica da disjunção exclusiva (p W q).

ii Regras das subalternas

Diferem pela quantidade.

1. Se a universal é verdadeira, a particular correspondente é verdadeira.
2. Se a universal é falsa, não podemos concluir nada quanto à verdade ou falsidade da particular correspondente.
3. Se a particular é verdadeira, não podemos concluir nada quanto à verdade ou falsidade da universal correspondente.
4. Se a particular é falsa, a universal correspondente é falsa.

Estas regras são a própria expressão do princípio de dedução *dictum de omni dictum de parte*. Não são demonstráveis, ainda que a teoria dos conjuntos manifeste o seu carácter de evidência de uma maneira analógica.

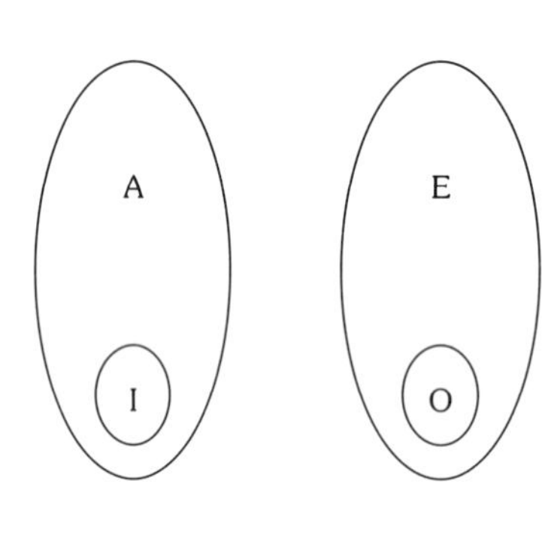

1.	A	Vermelho	⇒	I	Vermelho
	E	Vermelho	⇒	O	Vermelho
2.	A	~Vermelho	⇒	I	?
	E	~Vermelho	⇒	O	?
3.	I	Vermelho	⇒	A	?
	O	Vermelho	⇒	E	?
4.	I	~Vermelho	⇒	A	~Vermelho
	O	~Vermelho	⇒	E	~Vermelho

iii Regras das contrárias

As contrárias são as universais A e E que diferem pela qualidade. Trata-se de uma relação de incompatibilidade: não podem ser verdadeiras juntamente, mas podem ser ambas falsas. Esta regra geral pode ser decomposta em quatro regras:

1. Se A é verdadeira, então E é falsa.

   Demonstração:

   Se A é verdadeira, então O é falsa (contraditórias).

   Se O é falsa, então E é falsa (subalternas).

   Portanto, se A é verdadeira, então E é falsa.

   O mesmo tipo de demonstração é válida para as três outras regras.

2 Se E é verdadeira, então A é falsa.

3. Se A é falsa, não há conclusão para E (verdadeira ou falsa).
4. Se E é falsa, não há conclusão para A (verdadeira ou falsa).

iv Regras das subcontrárias

As subcontrárias são as particulares I e O que diferem pela qualidade. Trata-se de uma relação de disjunção. Não podem ser falsas juntamente, mas podem ser ambas verdadeiras. Esta regra geral pode ser decomposta em quatro regras:

1. Se I é verdadeira, então não há conclusão para O (verdadeira ou falsa).
   Demonstração:
   Se I é verdadeira, então E é falsa (contraditórias).
   Se E é falsa, não há conclusão para O (subalternas).
   Portanto, se I é verdadeira, não há conclusão para O.
   O mesmo tipo de demonstração é válido para as três outras regras.
2. Se I é falso, então O é verdadeiro.
3. Se O é verdadeira, então não há conclusão para I.
4. Se O é falsa, então I é verdadeira.

Todas as regras da dedução por oposição podem ser resumidas na tabela seguinte: V = verdadeiro; F = falso; ? = sem conclusão possível.

Premissas		Conclusões			
		A	E	I	O
V	A	–	F	V	F
	E	F	–	F	V
	I	?	F	–	?
	O	F	?	?	–
F	A	–	?	?	V
	E	?	–	V	?
	I	F	V	–	V
	O	V	F	V	–

Em *Notions de logique formelle*, J. DOPP apresenta estes resultados de outro modo, descrevendo os possíveis itinerários de dedução.

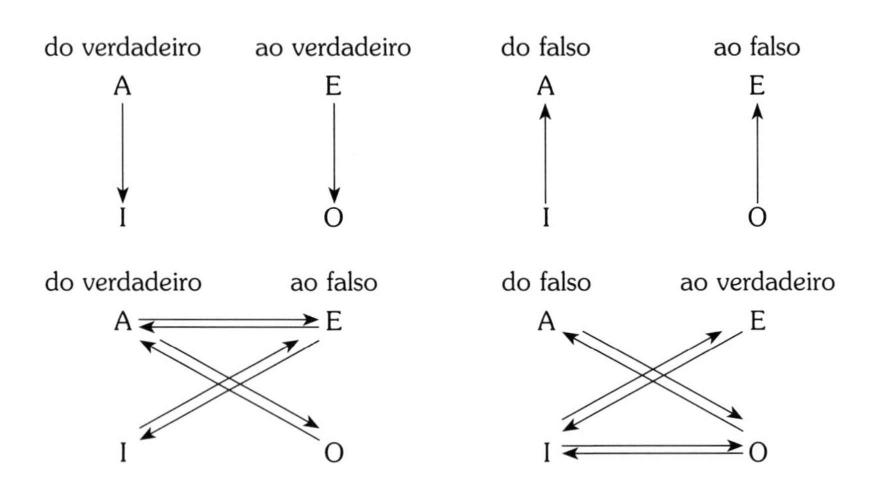

b Dedução por conversão

A conversão ou antístrofe ou reciprocação consiste em inverter os termos de uma proposição, mantendo a qualidade e a verdade da proposição. «Certos pintores são músicos» é convertida em «certos músicos são pintores». Esta operação só é possível se o dois termos (sujeito e predicado) possuírem a mesma extensão, como acontece no caso das proposições E e I. Alguns autores aceitam a conversão das proposições A na condição de que a conversa se torne I. Trata-se então de uma «conversão por acidente».

Praticamente:
E converteu-se em E }
I converteu-se em I } conversões *simples*
A converteu-se em I } conversão por *acidente*
O não se converteu.

Tomemos um exemplo para mostrar que a proposição O não pode ser convertida:

Proposição: Certos lógicos não são juristas (O)

Conversa: Certos juristas não são lógicos (O)

O esquema seguinte ilustra um caso em que a proposição é verdadeira e a conversa falsa. Ora, não podemos deduzir o falso do verdadeiro.

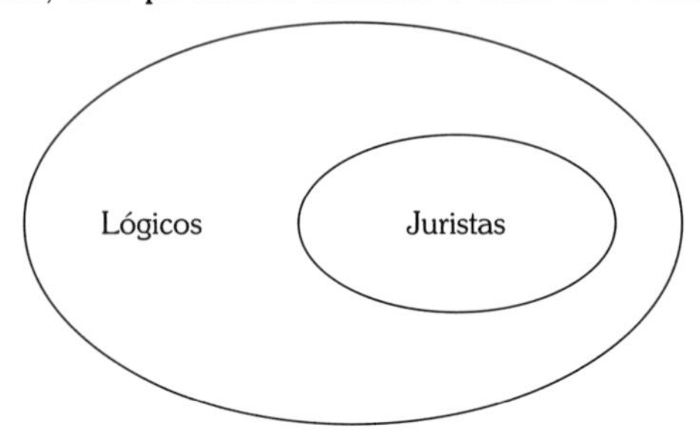

c Dedução por obversão

A obversão de uma proposição consiste em formulá-la de outro modo, mantendo o mesmo sentido, mas mudando a sua qualidade para negar o predicado. O obverso de uma afirmativa universal será uma negativa universal e reciprocamente. O obverso de uma afirmativa particular será uma negativa particular e reciprocamente.

$A \Rightarrow E$ e $E \Rightarrow A$

$I \Rightarrow O$ e $O \Rightarrow I$

d Dedução por contraposição

Contrapomos uma proposição permutando o seu sujeito e o seu predicado (conversão) e negando os dois termos. A contraposta de uma proposição é uma proposição da mesma quantidade, da mesma qualidade e do mesmo valor de verdade. Todavia, a utilização da contraposição na língua corrente é bastante difícil e a maioria dos lógicos considera que só a proposição A pode ser contraposta.

3.4 Exercícios

1. Efectuar as oposições possíveis e indicar o valor de verdade se a premissa é verdadeira e se é falsa.

A. Todos os cães têm quatro patas. A (V) (F).

Resposta: Contrária: Nenhum cão tem quatro patas. E (F) (?).
Contraditória: Qualquer cão não tem quatro patas. O (F) (V).
Subalterna: Qualquer cão tem quatro patas. I (V) (?).

B. Poucos homens são justos. I (V) (F).

Resposta: Subcontrária: Qualquer homem não é justo. O (?) (V).
Contraditória: Algum homem não é justo. E (F) (V).
Subalterna: Todo o homem é justo. A (?) (F).

C. Existem belas raparigas em Paris. I (V) (F).

Resposta: Subcontrária: Algumas belas raparigas não estão em Paris. O (?) (V).
Contraditória: Nenhuma bela rapariga está em Paris. E (F) (V).
Subalterna: Todas as belas raparigas estão em Paris. A (?) (F).

2. Converter as proposições seguintes:

A. Todos os homens são mortais. (A)

Resposta: Conversa: certos mortais são homens (I) (por acidente).

B. Nenhum europeu é americano (E).

Resposta: Conversa: Nenhum americano é europeu (E) (simples).

C. Qualquer pintor é escultor (I)

Resposta: Conversa: Qualquer escultor é pintor (I) (simples).

D. Certos gatos não são cinzentos (O).

Resposta: Não se converte.

3. Obverter as proposições seguintes.

A. Todos os esquilos são cautelosos (A).

Resposta: Obversa: Nenhum esquilo é incauto (E).

B. Nenhuma rosa é feia (E).

Resposta: Obversa: Toda a rosa é não-feia (A).

C. Certos gatos são cinzentos (I).

Resposta: Obversa: Certos gatos não são não-cinzento (O).

4. Contrapor as proposições seguintes:

A. Todos os cavalos correram (A).

Resposta: Contraposta: Todos os «que não correram» são «não-cavalos» (A).

B. Todo o homem é mortal (A).

Resposta: Contraposta: Todo o «não-mortal» é «não-homem» (A). Por outras palavras: «Se houver um indivíduo que escape à morte, deve ser riscado da classe dos homens».

5. Determinar que tipo de proposição representa x.

x → E verdadeiro e x → A falso («→» significa «tem por consequência lógica», «permite deduzir que»).

Resposta:

x → E verdadeiro se x é	quer I falso
	quer E verdadeiro
x → A falso se x é	quer A falso
	quer O verdadeiro
	quer E verdadeiro
	quer I falso
daí, x é	quer I falso
	quer E verdadeiro

6. A que tipo de proposição se reduz a contraditória da contrária da subalterna da contraditória de A?

Resposta: proceder do interior para o exterior ou do simples para o complexo.

1: A

2: contraditória de A = O

3: subalterna da contraditória de A = E

4: contrária de 3 = A

5: contraditória de 4 = O.

7. Construir as opostas, conversas, obversas e contrapostas das seguintes proposições. Determinar os seus valores de verdade em função da verdade e, depois, da falsidade das proposições originais.

   As soluções destes exercícios encontram-se no final do livro.

   A. Nenhum rato é verde.

   B. Uma desgraça nunca vem só.

   C. Ninguém deve ignorar a lei.

   D. A água ferve a 100°.

   E. Todos os juristas são honestos.

   F. Tudo o que brilha não é ouro.

3.5 Contextualização científica

Os sofismas

Um sofisma é um raciocínio de aparência válida para enganar o interlocutor. Um raciocínio não-válido, exposto de boa-fé, sem intenção de enganar, é um paralogismo. Originalmente, o termo «sofisma» designava uma intervenção engenhosa e hábil. Aristóteles deu-lhe um sentido muito mais pejorativo, insistindo no facto de que se trata em primeiro lugar de enganar o adversário. Em *Refutação dos Argumentos Sofísticos*, estuda as grandes categorias de sofismas mais correntes.

1. *O sofisma por equívoco.*

   Também por vezes denominado anfibologia. Trata-se de utilizar num raciocínio o mesmo termo, dando-lhe significados diferentes. Isto põe em causa o princípio lógico de identidade, que exige a estabilidade dos dados ao longo da demonstração.

   Exemplos:

   A. Aquilo que não perdeste, ainda tens.

      Tu não perdeste 10 milhões de euros.

      Portanto, tu tens dez milhões de euros.

      O termo «perdeste» é tomado num sentido muito mais lato na menor do que na maior.

   B. Tu comes a carne que compraste.

      Compraste carne crua.

      Comes carne crua.

      O termo «carne» não abrange a mesma realidade na maior e na menor.

C. Tu não conheces essa pessoa coberta com um véu.

Essa pessoa coberta com um véu é a tua mãe.

Tu não conheces a tua mãe.

Na maior, «conhecer» significa «reconhecer», ao passo que na conclusão significa «ter a informação».

2. *O sofisma por extrapolação.*
Trata-se de enunciar premissas que são verdadeiras em casos específicos, em circunstâncias definidas, e delas retirar conclusões como se tivessem um caracter universal e necessário.

Exemplos:

A. As crianças indisciplinadas não fazem nada de bom.

Einstein era uma criança indisciplinada.

Einstein não fez nada de bom.

A maior supõe que as crianças indisciplinadas são apenas indisciplinadas e que permanecerão assim para sempre em todos os domínios.

B. É bom passear.

Portanto, é bom passear durante as horas de trabalho.

Este género de sofisma é muito frequente, sob formas mais ou menos disfarçadas.

3. *O sofisma por ignorância do objectivo.*
Este sofisma é frequentemente, de facto, um paralogismo. Trata-se de opor ao adversário posições que não são de modo algum incompatíveis com aquilo que ele diz. A objecção não diz respeito ao debate e o objectivo da discussão é ignorado. Basta abrir um pouco os ouvidos nos inúmeros debates quotidianos para nos apercebermos de que esta situação é muito frequente. Numa conversação, é preciso voltar continuamente ao objectivo da confrontação, voltar a pôr o combóio nos carris, interpelar o interlocutor dizendo-lhe, por exemplo: «eu estou a explicar-lhe que quatro mais quatro são oito e você responde-me afirmando que cinco mais cinco são dez».

4. *O sofisma da petição de princípio.*
Também denominado sofisma do círculo vicioso ou raciocínio circular, consiste em utilizar na demonstração aquilo que, justamente, deve ser demonstrado. Supondo aquilo que deve provar, o raciocínio regressa sobre si mesmo como num movimento circular (em latim, *petitio principii* = apelo ao início).

Exemplos:

A. Uma vez que eu não sou ladrão, não podem acusar-me de ter roubado este dinheiro. Portanto, estou inocente.

Isto equivale mais ou menos a dizer: «estou inocente porque estou inocente!»

B. Todos os homens são mortais.

Sócrates é um homem.

Portanto, Sócrates é mortal.

Queremos demonstrar que Sócrates é mortal e começamos por afirmar, na premissa maior, que todos os homens são mortais, o que supõe evidentemente que a conclusão esteja já admitida. Este raciocínio lógico clássico coloca em evidência o carácter circular e tautológico da lógica. As demonstrações lógicas nunca trazem nada de novo. São, de facto, tratamentos da informação, analisando-se aquilo que é admitido à partida.

5. *O sofisma sobre o consequente*
Este erro diz respeito a todas as más utilizações do silogismo hipotético. Já sabemos que este silogismo só é possível sob a forma *modus ponens* (a afirmação do antecedente implica a afirmação do consequente) e sob a forma *modus tollens* (a negação do consequente implica a negação do antecedente). Todas as outras formas são falsas, mas podem dar espontaneamente a impressão de serem válidas.

Exemplos:

A. Se chove, o chão fica molhado.

Ora, o sol está molhado.

Portanto, chove.

Apesar das aparências, este raciocínio é falso, uma vez que o chão pode estar molhado por muitas outras razões para além da chuva. Em compensação, se o chão não está molhado, então não chove.
Este raciocínio da forma *modus tollens* é válido.

B. Se chove, o chão fica molhado.

Ora, não chove.

Portanto, o chão não está molhado.

Uma vez mais, este raciocínio é falso, uma vez que o chão pode estar molhado por muitas outras razões que não a chuva. Em compensação, se chove, então o chão está molhado. Este raciocínio da forma *modus ponens* é válido.

6. *O sofisma do erro sobre a causa.*

   Trata-se de confundir as causas de um dado efeito.

   Considere-se o raciocínio seguinte:

   Se o tempo não existe, não há noite.

   Se não há noite, é dia.

   Se é dia, o tempo existe.

   Portanto, se o tempo não existe, o tempo existe.

   Esta conclusão é uma contradição, cuja causa é preciso colocar em evidência. Espontaneamente, somos tentados a admitir que este erro provém da primeira informação, mas, na verdade, provém da segunda.

7. *O sofisma* post hoc ergo propter hoc.

   Este sofisma confunde a causalidade e a sucessão. Consideramos que o acontecimento A é a causa do acontecimento B porque A precede B. Aquilo que vem depois de A (*post hoc*) é causado por A (*propter hoc*). Todas as superstições assentam nesta confusão. Nunca devemos ser treze à mesa porque Cristo morreu após a última ceia, que juntava treze convivas: Cristo e os seus doze apóstolos.

8. *O sofisma da inversão da causa e do efeito.*

   Verificamos dois acontecimentos mais ou menos simultâneos no espaço e no tempo. Afirmamos que um é a causa do outro e que o outro é o efeito, embora se trate talvez do contrário.

   Exemplos:

   A. Pedro é educado quando está feliz!

      A menos que seja o contrário!

   B. A cama é o lugar mais perigoso do mundo: 80% das pessoas morrem na cama.

      As pessoas não morrem porque vão para a cama, mas vão para a cama porque se sentem doentes.

4 TEORIA DO RACIOCÍNIO MEDIATO: O SILOGISMO

4.1 Objectivos

O estudo desta unidade permitirá:

1) Analisar e criticar todos os raciocínios por silogismo categórico.
2) Familiarizar-se com a ciência lógica na sua função fundamental de transformação da informação.
   O segundo objectivo é especialmente visado no estudo dos métodos de redução.
3) Reconhecer o raciocínio por silogismo categórico na linguagem corrente.

4.2 Termos-chave

Silogismo – categórico – maior – menor – conclusão – premissas – grande termo – médio termo – pequeno termo – figura – modo – redução – poli-silogismo – sorites – entimema – epiquirema.

4.3 Teoria

4.3.1 *Definição*

Partamos de um exemplo.

Maior: todos os homens são mortais.

Menor: os Gregos são homens.

Conclusão: os Gregos são mortais.

Segundo a definição escolástica, «o silogismo categórico é uma argumentação na qual, de duas proposições simples dispostas de determinada maneira, uma terceira proposição deriva necessariamente». O silogismo categórico compõe-se de três proposições simples:

1. *A maior:* é a 1.ª proposição, que contém o termo maior (mortais).
2. *A menor:* é a 2.ª proposição, que contém o termo menor (Gregos). A maior e a menor são denominadas premissas ou antecedentes ou hipóteses.

3. *A conclusão:* ou consequente, que reúne o termo maior e o termo menor.

As três proposições são construídas as partir de 3 termos:

1. O grande termo (T): está na maior e serve de predicado à conclusão.
2. O pequeno termo (t): está na menor e serve de sujeito à conclusão.
3. O termo médio (M): está na maior e na menor, mas não se encontra na conclusão.

O exemplo acima pode, portanto, ser esquematizado da seguinte maneira:

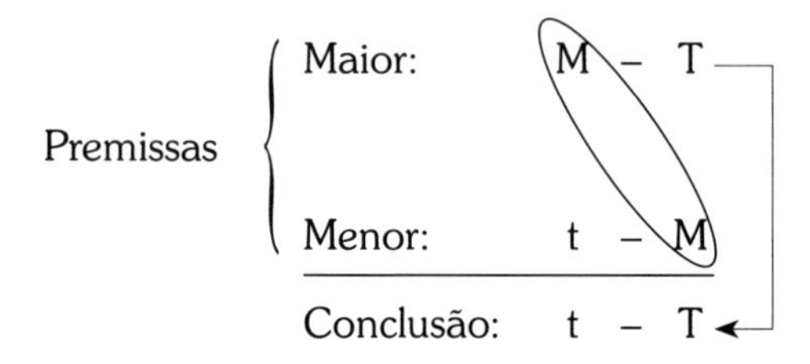

Nota. Na prática, e no estudo crítico dos silogismos categóricos, será necessário regressar frequentemente a esta definição aparentemente elementar. As dificuldades da análise derivam sobretudo do esquecimento de algum aspecto da definição.

4.3.2 *Regras*

Oito regras seguintes são necessárias para garantir a validade do silogismo. Quatro regras dizem respeito aos termos e quatro regras dizem respeito às proposições.

a Regras dos termos

1. *Não pode haver mais de três termos no silogismo:* o termo médio, o grande termo e o pequeno termo. Esta regra permite eliminar os silogismos que utilizam termos equívocos (dois sentidos diferentes). Esta regra deriva da própria definição do silogismo, que consiste em comparar dois termos com um mesmo terceiro.

   Exemplo: *Maior:* tudo o que é raro é caro (A).

   Menor: um cavalo por 5 euros é raro (A).

   Conclusão: um cavalo de 5 euros é caro (A).

Este silogismo é evidentemente não-aválido, pois existem mais de 3 termos. Com efeito, o termo médio «raro» é tomado em dois sentidos diferentes. Na maior, significa «ter valor», e na menor significa «que não se encontra frequentemente». Este género de erro é muito frequente nos silogismos.

2. *Nenhum termo pode receber na conclusão uma extensão mais lata do que nas premissas.* Regra do *latius hos* ou não-extrapolação.

   Exemplo: *Maior:* todo o ser pensante é existente (A).

   Menor: nenhuma pedra é um ser pensante (E).

   Conclusão: nenhuma pedra é existente (E).

   «Existente» é particular na maior e universal na conclusão. A regra do *latius hos* estipula muito simplesmente que não se pode concluir por «todos» se só recebemos a informação para «alguns». Em latim: *latius hos, quam praemissae, conclusio non vult.*

3. *O termo médio nunca deve reaparecer na conclusão.*

   Exemplo: *Maior:* todo o doente precisa de cuidados (A):

   Menor: todo o homem deprimido está doente (A).

   Conclusão: todo o doente é um homem deprimido (A).

   Este silogismo precisa de tratamento! Se concluíssemos «todo o homem deprimido precisa de cuidados», o silogismo seria então a solução de cura. Esta terceira regra decorre também da própria definição do silogismo.

4. *O termo médio deve ser tomado universalmente pelo menos uma vez.*

   Exemplo: *Maior:* Todo o liegense é belga (A).

   Menor: todo o namurense é belga (A).

   Conclusão: todo o namurense é liegense (A).

   O termo médio «belga» é duas vezes particular.

   Ou ainda: *Maior:* tu és homem.

   Menor: eu sou homem.

   Conclusão: eu sou tu.

   «Homem» é duas vezes particular.

   Os dois exemplos mostram que o termo médio é tomado duas vezes com uma extensão particular. Neste caso, o termo médio pode recobrir elementos diferentes e corresponderia então a dois termos, o que é excluído pela regra 1.

b Regras das proposições

1. *Duas afirmativas não podem engendrar uma negativa.* É a aplicação pura e simples do princípio de identidade. Se as premissas só fornecem identidades, a conclusão não pode manifestar uma diferença. Isto corresponde também ao princípio metafísico de conformidade: duas coisas idênticas a uma mesma terceira são idênticas entre si.

2. *De duas premissas negativas não podemos concluir nada.*
Isto é evidente! Uma vez que, em cada premissa, o termo médio não está identificado com nada, não se percebe muito bem como é que poderia cumprir a sua função de unificação dos termos.

Exemplo: *Maior:* nenhum poderoso é misericordioso (E).

Menor: nenhum pobre é poderoso (E).

Conclusão: nenhum pobre é misericordioso (E).

Portanto, esta conclusão não é legítima.

3. *De duas premissas particulares não podemos concluir nada.*

Exemplo: *Maior:* certos homens são bons (I).

Menor: certos malvados são homens (I).

Conclusão: certos malvados são bons (I).

Pelo menos uma das premissas deve ser universal, o que não é o caso no exemplo.

4. *A conclusão segue sempre a premissa mais fraca.*

Se uma premissa é negativa, a conclusão será negativa. Se uma premissa é particular, a conclusão será particular. Não existe compreensão intuitiva directa das regras 3 e 4. Mas a sequência do nosso estudo mostrará que o desrespeito das regras 3 e 4 implica necessariamente o desrespeito de alguma regra anterior.

Esta apresentação tradicional das oito regras de validade do silogismo é um pouco artificial. De facto, a primeira e terceira regras dos termos decorrem da definição do silogismo, ao passo que a segunda regra dos termos e a quarta das proposições decorrem do princípio de não-extrapolação. Além disso, certas regras não estão ainda demonstradas, ainda que as possamos admitir intuitivamente. É preciso, portanto, levar a análise mais longe e retomar estas regras de uma maneira mais rigorosa, a partir das diferentes figuras de silogismo. Quais são essas figuras?

Definamo-las a partir da classificação dos silogismos categóricos.

4.3.3 *Classificação dos silogismos categóricos*

Classificamos os silogismos segundo as *figuras* e os *modos*. A figura de um silogismo depende da posição do termo médio nas premissas, ao passo que o modo depende do tipo de proposição (A, E, I, O) que intervém nas premissas. A figura diz respeito aos termos, ao passo que o modo depende das proposições.

a As figuras do silogismo

A figura depende da posição do termo médio. O termo médio pode ser sujeito e predicado nas premissas, ou duas vezes predicado, ou duas vezes sujeito, ou ainda predicado e sujeito. Existem, portanto, quatro figuras possíveis. Designemos os sujeitos (*subjectum*) por «sub» e o predicado (*praedicatum*) por «prae» e apresentemos assim um quadro de conjunto das quatro figuras.

	primeira figura	segunda figura	terceira figura	quarta figura
	sub-prae	prae-prae	sub-sub	prae-sub
Maior	M – T	T – M	M – T	T – M
Menor	t – M	t – M	M – t	M – t
Conclusão	t – T	t – T	t – T	t – T

b Os modos do silogismo

Um modo é determinado pelo tipo (A, E, I, O) das premissas que compõem o antecedente. Existem 16 modos possíveis (AA – AE – AI – AO – EA – EE – EI – EO – IA – IE – II – IO – OA – OE – OI – OO). Como cada modo pode apresentar-se sob as quatro figuras, isso dá 64 modos possíveis, e cada um, em princípio, pode admitir 4 conclusões (A, E, I, O). Existem, portanto, *256 silogismos* possíveis, mas somente *19* são válidos, ou seja, respeitam as 8 regras que acabámos de mencionar. Um bom domínio dos silogismos categóricos pressupõe que sejamos capazes de isolar os 19 silogismos concludentes entre os 256 silogismos possíveis. Assinalemos, em primeiro lugar, que a mecânica dos silogismos é rigorosa e necessária; isto significa que a duas premissas só pode corresponder uma e única conclusão. Isto reduz o problema a 64 modos possíveis. Além disso, é evidente que certos modos podem ser rapidamente eliminados: EE, EO, OE, OO; com efeito, nada podemos concluir de duas premissas negativas. Igualmente: II, IO, OI; com efeito, de duas premissas particulares nada podemos concluir. Podemos assim estudar todos os modos passando-os pelo crivo das 8 regras, mas é mais fácil e mais rigoroso estudar cada figura e definir as regras próprias a cada figura para seleccionar os 19 silogismos concludentes.

4.3.4 *Os silogismos da primeira figura*

	SUB-PRAE																
Maior	M – T	A	A	A	A	E	E	E	E	I	I	I	I	O	O	O	O
Menor	t – M	A	E	I	O	A	E	I	O	A	E	I	O	A	E	I	O
Conclusão	t – T	A		I		E		O									

1. *A menor deve ser afirmativa.*
   Se a menor é negativa, a conclusão também o é (B.4). Portanto, na conclusão, T é universal. Ora, na maior, T é particular, uma vez que a maior deve ser afirmativa se a menor é negativa (B.2). Portanto, se a menor é negativa, a regra (A.2) não é respeitada. *Latius hos.*
   A = termos. B = proposições.

2. *A maior deve ser universal.*
   Uma vez que a menor é afirmativa, M da menor é particular. Portanto, M da maior deve ser universal para respeitar a regra (A.4). Portanto, a maior deve ser universal.
   Estas duas regras permitem eliminar 12 modos da primeira figura. Restam (com as conclusões) AAA – AII – EAE – EIO. Estes 4 silogismos da primeira figura são designados convencionalmente pelas expressões BARBARA – CELARENT – DARII – FERIO.
   Certos lógicos consideram que estes 4 silogismos da primeira figura são os 4 silogismos fundamentais aos quais podemos reduzir os outros 15. Com efeito, estes 4 silogismos são uma aplicação pura e simples do princípio de dedução *dictum de omni dictum de parte*. Os outros silogismos pressupõem uma operação suplementar.

4.3.5 *Os silogismos da segunda figura*

	PRAE-PRAE																
Maior	T – M	A	A	A	A	E	E	E	E	I	I	I	I	O	O	O	O
Menor	t – M	A	E	I	O	A	E	I	O	A	E	I	O	A	E	I	O
Conclusão	t – T		E		O	E		O									

1. *Uma das premissas deve ser negativa.*
   Se as duas premissas são afirmativas, os dois predicados são particulares; portanto, os dois M são particulares, o que é contrário a (A.4).

2. *A maior deve ser universal.*
   Com efeito, se uma das premissas é negativa, a conclusão deve ser negativa (b.4). Se a conclusão é negativa, T da conclusão é universal.

Portanto, T da maior deve ser universal para evitar o *latius hos* (A.2). Aplicando estas regras, restam (com as conclusões) AEE – AOO – EAE – EIO. Estes 4 silogismos da segunda figura são designados convencionalmente pelas expressões: CESARE – CAMESTRES – FESTINO – BAROCO.

4.3.6 *Os silogismos da terceira figura*

	SUB-SUB																
Maior	M – T	A	A	A	A	E	E	E	E	I	I	I	I	O	O	O	O
Menor	M – t	A	E	I	O	A	E	I	O	A	E	I	O	A	E	I	O
Conclusão	t – T	I		I		O		O		I				O			

1. *A menor deve ser afirmativa*
   Pelas mesmas razões que a primeira regra da primeira figura.

2. *A conclusão deve ser particular*
   Se a menor é afirmativa, t da menor é particular. Portanto, t da conclusão deve ser particular para evitar o *latius hos* (A.2).
   Aplicando estas regras, restam (com as conclusões) AAI – AII – EAO – EIO – IAI – OAO. Estes seis silogismos da terceira figura são designados convencionalmente pelas expressões: DARAPTI – FELAPTON – DISAMIS – DATISI – BOCARDO – FERISON.

4.3.7 *Os silogismos da quarta figura*

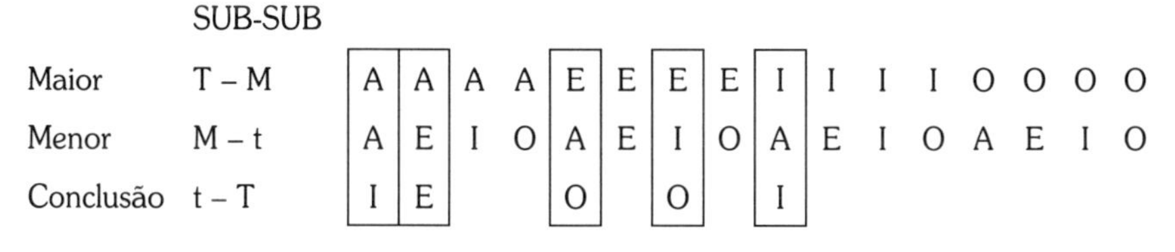

	SUB-SUB																
Maior	T – M	A	A	A	A	E	E	E	E	I	I	I	I	O	O	O	O
Menor	M – t	A	E	I	O	A	E	I	O	A	E	I	O	A	E	I	O
Conclusão	t – T	I	E			O		O		I							

1. *Se a maior é afirmativa, a menor deve ser universal*
   Se a maior é afirmativa, M da maior é particular. Portanto, M da menor deve ser universal para respeitar (A.4). Portanto, a menor deve ser universal.

2. *Se a menor é afirmativa, a conclusão deve ser particular*
   Se a menor é afirmativa, t da menor é particular. Portanto, t da conclusão deve ser particular para respeitar a regra (A.2). Portanto, a conclusão deve ser particular.

3. *Se uma das premissas é negativa, a maior deve ser universal*
   Com efeito, neste caso, T da conclusão é universal. Portanto, T da maior deve ser universal (A.2). Portanto, a maior deve ser universal.
   Aplicando estas regras, restam (com as conclusões) AAI – AEE – EAO – EIO – IAI. Estes cinco silogismos da quarta figura são designados convencionalmente pelas expressões: BAMALIP – CAMENES – DIMARIS – FESAPO – FRESISON.

4.3.8 *Os métodos de redução*

Assinalámos que os 4 silogismos da primeira figura são silogismos de base, porque são a aplicação directa do próprio princípio de dedução *dictum de omni dictum de parte*. Os 15 silogismos das três outras figuras podem ser reduzidos a um desses 4 silogismos. Antes de estudar estas técnicas, representemos os 4 raciocínios fundamentais através de diagramas de VENN.

a **Representação de conjunto dos silogismos da 1.ª figura**

i BARBARA

Maior: Todo o lógico é perspicaz (A)

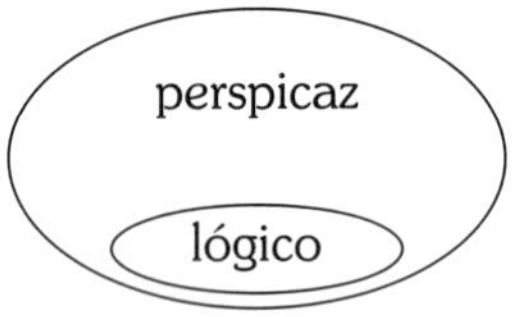

perspicaz
lógico

Menor: Todo o estudante é lógico (A)

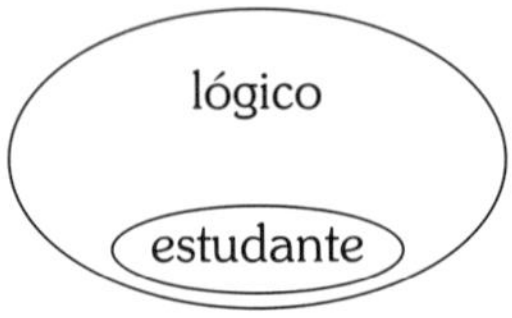

lógico
estudante

Conclusão: Todo o estudante é perspicaz (A)

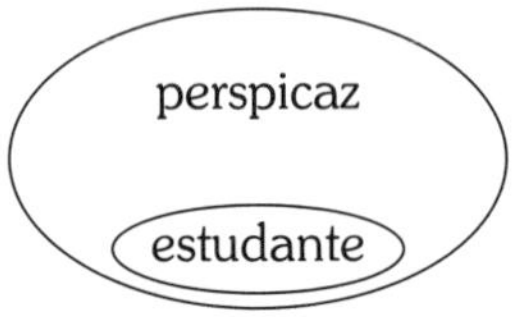

perspicaz
estudante

A lógica é uma ciência formal, o que significa que só se interessa pela forma da informação e não pelo seu conteúdo (ou matéria). O raciocínio BARBARA é absolutamente correcto (ou válido) ao nível da forma. Quanto ao seu conteúdo...

Certos lógicos consideram que existe um silogismo BARBARI pela subalternação da conclusão. Este ponto de vista (possível se admitimos que a lógica é a ciência da dedução) é duvidoso se considerarmos que a lógica é a ciência da transformação da informação.

ii CELARENT

Maior: nenhum europeu é americano (E)

Menor: Os franceses são europeus (A)

Conclusão: os franceses não são americanos
Nenhum francês é americano

iii DARII

Maior: Os franceses são europeus (A)

Menor: Certos francófonos são franceses
Alguns francófonos são franceses (I)

Conclusão: Certos francófonos são europeus (I)

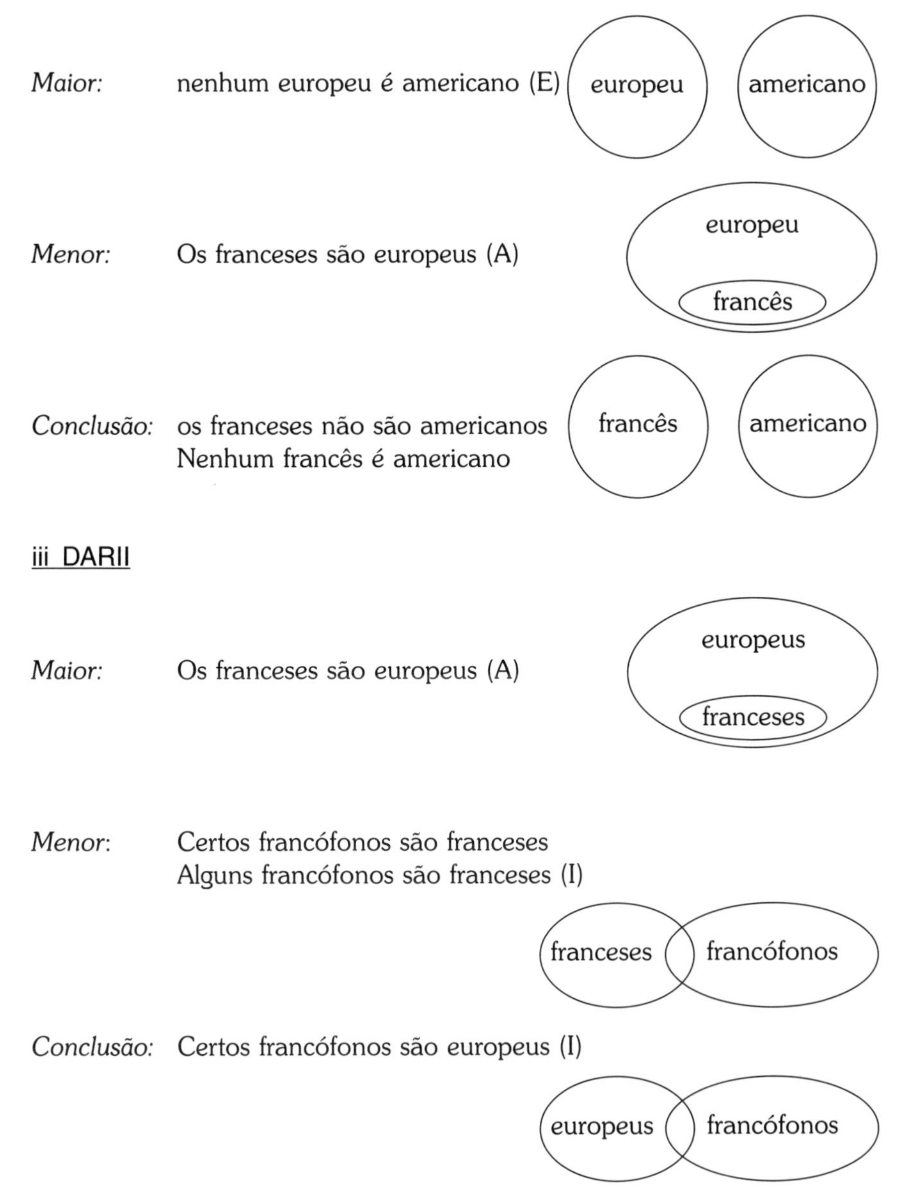

A conclusão (I) concerne ao domínio da intersecção.

iv FERIO

Maior: Nenhum francês é americano (E)

francês americano

Menor: Certos estudantes são franceses (I)

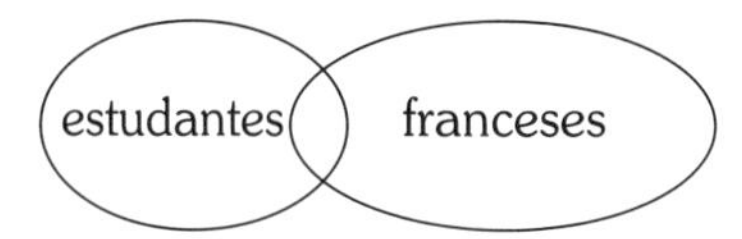

Conclusão: Certos estudantes não são americanos (O)

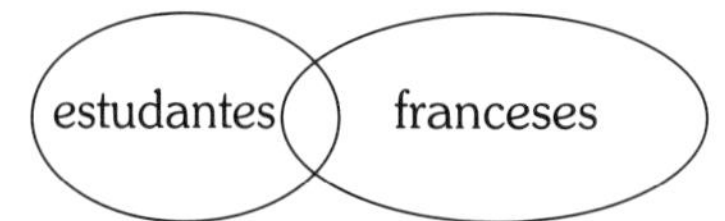

A conclusão (O) diz respeito ao domínio do conjunto «estudantes» fora da intersecção. Na representação de conjunto de O, a intersecção é facultativa.

b A redução por transformação

Com efeito, os nomes atribuídos a cada silogismo são um código. As vogais indicam o tipo de proposição. A maior, a menor e a conclusão do silogismo FELAPTON são respectivamente as proposições E, A, O. A consoante inicial (B, C, D, F) indica a que silogismo da 1.ª figura é redutível um silogismo das 3 outras figuras. Assim, FELAPTON é redutível a FERIO, CAMENES é redutível a CELARENT e assim sucessivamente. As consoantes não iniciais indicam as operações a efectuar para a redução.

S indica uma conversão simples.

P indica uma conversão por acidente.

M indica uma transposição de premissas: permuta-se a maior e a menor.

C indica uma redução por absurdo. É o caso de BOCARDO e BAROCO, que vamos estudar seguidamente.

Atenção: estas operações dizem respeito à proposição designada pela vogal que precede a consoante.

Exemplos:

1. *Considere-se o silogismo CAMESTRES: (2.ª figura)*

   Maior: todo o macaco é quadrúmano (A).

   Menor: nenhum homem é quadrúmano (E).

   Conclusão: nenhum homem é macaco (E).

   É redutível a CELARENT. Conversão simples da menor (S) + permutação maior e menor (M) + conversão simples da conclusão E (S).

   Maior: nenhum quadrúmano é homem (E).

   Menor: todo o macaco é quadrúmano (A).

   Conclusão: nenhum macaco é homem (E).

2. *Considere-se o silogismo DISAMIS (3.ª figura)*

   Maior: certos poetas são interessantes (I).

   Menor: todos os poetas são felizes (A).

   Conclusão: certos seres felizes são interessantes (I).

   É redutível à forma fundamental DARII (1.ª figura).

   Transposição das premissas (M) após conversão simples da maior (S) e conversão simples da conclusão.

   Maior: todos os poetas são felizes (A).

   Menor: certos seres interessantes são poetas (I).

   Conclusão: certos seres interessantes são felizes (I).

c A redução por absurdo

Todos os silogismos podem também ser reduzidos por absurdo. Os silogismos BAROCO e BOCARDO só podem ser reduzidos por absurdo. É o significado da letra C. De que se trata?

Trata-se, com efeito, de demonstrar o valor do silogismo por absurdo, mostrando que as duas premissas devem conduzir necessariamente à conclusão proposta. Para tal, tomamos a contraditória da conclusão e damos-lhe o estatuto de uma premissa: a nova conclusão contradiz a premissa inicial, o que significa que era necessário manter a conclusão inicial sob pena de falsear as premissas.

i Considere-se o silogismo BAROCO

Maior: todos os chefes são ditadores (A).

Menor: certos directores não são ditadores (O).

Conclusão: certos ditadores não são chefes (O).

Provemos por absurdo que as duas premissas impõem necessariamente uma tal conclusão pelo facto de que a contraditória da conclusão impõe a contraditória de uma premissa.

Maior: todos os chefes são ditadores (A).

Menor: todos os directores são chefes (A) = contraditória da conclusão.

Conclusão: todos os directores são ditadores (A) = contraditória da menor.

ii Considere-se o silogismo BOCARDO

Maior: certos psicólogos não se enganam (O).

Menor: todos os psicólogos são complicados (A).

Conclusão: certos seres complicados não se enganam (O).

Construindo um silogismo BARBARA, demonstramos por absurdo a validade de BOCARDO.

Maior: todos os seres complicados se enganam (A).

Menor: todos os psicólogos são complicados (A).

Conclusão: todos os psicólogos se enganam (A).

4.3.9 *Os silogismos especiais*

a O entimema

O entimema é um silogismo no qual uma das premissas é subentendida (etimologicamente «guardada no peito»).

Exemplo: «O Pedro é um homem, portanto é mortal». A conversação corrente recorre frequentemente a entimemas, que têm a vantagem de apresentar o silogismo de uma maneira mais flexível e menos rebarbativa.

b O epiquirema

Contrariamente ao entimema, o epiquirema é uma amplificação do silogismo clássico, no qual uma ou outra premissa, ou até ambas, são munidas da sua prova sob a forma de proposição causal. O *Pro Milone* de Cícero apresenta um epiquirema típico:

Maior: Podemos matar um agressor injusto, porque a lei natural, o direito público e a prática de todos os povos o autorizam.

Menor: Clodius foi o injusto agressor de Milon, porque os antecedentes e as circunstâncias da sua morte o provam.

Conclusão: Milon podia matar Clodius.

c O poli-silogismo

O poli-silogismo é um encadeamento de vários silogismos em que a conclusão de um serve de premissa ao seguinte. A validade do poli-silogismo é função da validade de cada silogismo considerado separadamente.

Exemplo: *Maior:* tudo o que é espiritual é simples.
Menor: toda a alma é espiritual.
Conclusão/menor: a alma é simples.
Maior: tudo o que é simples é incorruptível.
Conclusão: Portanto, a alma é incorruptível.

d Sorites

O sorites é um poli-silogismo em que subentendemos a conclusão de cada silogismo, salvo a do último. O carácter um pouco flexível do sorites torna-o no lugar privilegiado dos sofismas de todos os tipos.

Exemplo: o sorites da raposa (Montaigne, *Ensaios*)
– Este rio faz barulho (menor).
– O que faz barulho agita-se (maior).
– Aquilo que se agita não está gelado (maior).
– O que não está gelado não pode transportar (maior).
– Portanto, este rio não pode transportar (conclusão).

Sujeito: este rio.

Predicado: pode transportar.

Termos médios: faz barulho $\subset$ agita-se $\subset$ não-gelado.

Charles DODGSON, cognominado Lewis CARROLL, (1832-1898), autor de *Alice no País das Maravilhas*, era também um lógico que ocupava os tempos livres a compor sorites, de que aqui apresentamos um exemplo: as proposições estão em desordem e trata-se de tirar a conclusão correcta.

1. Todos os agentes de polícia do sector jantam com a nossa cozinheira.
2. Todo o homem com cabelos compridos só pode ser poeta.
3. Amos Judd nunca esteve na prisão.

4. Todos os primos da nossa cozinheira gostam de perna de carneiro.
5. Só os agentes de polícia do sector são poetas.
6. Só os seus primos jantam com a nossa cozinheira.
7. Todos os homens com cabelos curtos estiveram na prisão.

Nota: para se perceber melhor, em primeiro lugar é necessário simplificar as proposições muito complicadas pelas técnicas de obversão, conversão ou contraposição. Exemplo: 2. «Nenhum C é não D» torna-se por obversão «Todo o C é D».

e Os silogismos de relação

Exemplo: $A > B$

ou $B > C$

portanto $A > C$

Aqui, as opiniões diferem. Certos lógicos pensam que se trata de uma forma particular do silogismo clássico; outros vêem aí apenas uma simples aplicação de um corolário do princípio de identidade. A lógica moderna considera que se trata de uma aplicação da transitividade que decorre de uma «lógica das relações» específica e autónoma.

4.3.10 *Limites da lógica de Aristóteles*

A lógica aristotélica conserva actualmente todo o seu valor, ainda que os seus limites sejam reais. Destes limites, destacamos três:

1. A lógica de ARISTÓTELES é tributária da linguagem natural e não é, portanto, completamente formal. Certas regras do silogismo presupõem, com efeito, uma interpretação dos termos utilizados.
2. Limita-se à teoria do silogismo, que é apenas uma parte da lógica, a saber, a lógica da relação de inclusão.
3. Não ultrapassa o estudo das proposições atributivas, ou seja, as que são redutíveis à forma «sujeito-cópula-predicado», excluindo, portanto, proposições como «o Pedro é maior do que o Jaime» ou «Liège é entre Bruxelas e Verviers».

A lógica moderna tenta ultrapassar estes limites pelas características seguintes:

1. O vocabulário da linguagem corrente é substituído por símbolos para evitar os equívocos e para simplificar os desenvolvimentos desmesurados.

2. A prioridade da proposição sobre o termo: a lógica das proposições não-analisadas precede a lógica dos predicados. A lógica moderna inscreve-se, portanto, mais na linha do nominalismo dos estóicos do que no conceptualismo de Aristóteles.
3. A lógica moderna substitui a noção de verdade pela noção de validade ou de coerência; não é uma qualquer espécie de filosofia, mas uma ferramenta.
4. Acrescentemos, por último, que esta lógica resulta em realizações práticas no vasto domínio dos computadores, das calculadoras e da elaboração das linguagens artificiais.

4.4 Exercícios

Tirar a conclusão que as seguintes premissas autorizam, ou mostrar por que razão não se pode concluir.
Devem-se formular estas premissas sob a forma predicativa e indicar o tipo de proposição de que se trata (A) (E) (I) (O).
Estes exercícios são propostos por J. DOPP em *Notions de logique formelle.*

1. Nenhum peixe é baleia. Ora, qualquer baleia tem barbatanas.

Resposta:
Seja P: peixe, B: baleia, N: ter barbatanas
Maior: nenhum P é B (E)
Menor: qualquer B é N (A)
Conclusão: alguns N não são P (O)
Silogismo da 4.ª figura: FESAPO

Redução:
Maior: nenhum B é P (E). Conversão simples (ES)
Menor: alguns N são B (I). Conversão por acidente (AP).
Conclusão: alguns N não são P (O)
Silogismo da 1.ª figura: FERIO

2. Nenhum peixe respira pelos pulmões. Ora, as baleias respiram pelos pulmões.

Resposta:
Seja P: peixe, B: baleia, R: respirar pelos pulmões.
Maior: nenhum P é R (E)
Menor: todos os B são R (A)
Conclusão: nenhum B é P (E)
Silogismo da 2.ª figura: CESARE

Redução:
Maior: nenhum R é P (E). Conversão simples (ES)
Menor: todos os B são R (A)
Conclusão: nenhum B é P (E)
Silogismo da 1.ª figura: CELARENT

3. Nenhum animal com respiração branquial é baleia. Ora, qualquer peixe tem respiração branquial.

Resposta:
Seja R: ter respiração branquial, B: baleia, P: peixe.
Maior: nenhum R é B (E)
Menor: todo o P é R (A)
Conclusão: nenhum P é B (E)
Silogismo da 1.ª figura: CELARENT

4. Todos os tolos são aborrecidos.
Ora, certos tagarelas não são aborrecidos.

Resposta:
Seja S: tolo, E: aborrecido, B: tagarela.
Maior: todos os S são E (A)
Menor: certos B não são E (O)
Conclusão: certos B não são S (O)
Silogismo da 2.ª figura: BAROCO.

Redução:
Maior: todos os S são E (A)
Menor: Todos os B são S (A). A menor é substituída pela contraditória da conclusão.
Conclusão: todos os B são E (A). O silogismo BARBARA mostra que se modificamos a conclusão de BAROCO, devemos necessariamente modificar as premissas. Isto mostra, por absurdo, que a conclusão de BAROCO é a única possível.

5. Toda a virtude é compatível com o amor á verdade. Ora, certas formas de patriotismo são incompatíveis com o amor à verdade.

Resposta:
Seja: V: virtude, C: ser compatível com o amor à verdade, F: forma de patriotismo.
Maior: Todo o V é C (A)
Menor: alguns F não são C (O)
Conclusão: alguns F não são V (O)
Silogismo da 2.ª figura: BAROCO.

6. Os poderosos não são misericordiosos. Ora, as crianças não são poderosas.

Resposta:
Seja P: poderoso, M: misericordioso, C: criança.
Maior: nenhum P é M.
Menor: nenhum C é P.
Não há conclusão: de duas premissas negativas, nada podemos concluir.

7. O homem que a polícia procura tem cabelos ruivos. Ora, este homem não tem os cabelos ruivos.

Resposta:
Seja H: homem procurado pela polícia, R: ter os cabelos ruivos, E: este homem.
Maior: todo o H é R (A)
Menor: todo o E não é R (E)
Conclusão: nenhum E é H (E)
Silogismo da 2.ª figura: CAMESTRES.
A maior e a menor referem-se sempre a um indivíduo preciso. São, portanto, juízos singulares que a lógica considera, talvez um pouco precipitadamente, juízos universais.

8. O que não é composto não é divisível.
Ora, a alma não é composta.

Resposta:
Podemos simplificar os dados pela técnica da obversão.
Seja C: não composto, D: não divisível, A: alma
Maior: todo o C é D (A)
Menor: todo o A é C (A)
Conclusão: todo o A é D (A)
Silogismo da 1.ª figura: BARBARA.

9. Os seres dotados de razão são responsáveis pelos seus actos. Os estúpidos não são responsáveis pelos seus actos.

Resposta:
Seja D: dotado de razão, R: responsável, B: estúpido.
Maior: todo o D é R (A)
Menor: nenhum B é R (E)
Conclusão: nenhum B é D (E).
Silogismo da 2.ª figura: CAMESTRES.

Redução:
O M indica uma permuta das premissas.
Maior: nenhum R é B (E). Conversão simples (ES)
Menor: todo o D é R (A)
Conclusão: nenhum D é B (E). Conversão simples (ES).
Silogismo da 1.ª figura: CELARENT

10. Todo o invejoso é triste.
Ora, nenhum santo é triste.

Resposta:
Seja E: invejoso, C: triste, S: santo.
Maior: todo o E é C (A)
Menor: nenhum S é C (E)
Conclusão: nenhum S é E (E).
Silogismo da 2.ª figura: CAMESTRES.

11. Os lisboetas são europeus.
Ora, os lisboetas são portugueses.

Resposta:
Seja L: lisboeta, E: europeu, P: português.
Maior: todos os L são E (A)
Menor: todos os L são P (A)
Conclusão: alguns P são E (I).
Silogismo da 3.ª figura: DARAPTI. Neste caso, a conclusão é necessariamente particular, mesmo que saibamos que todos os portugueses são europeus. Com efeito, as informações geográficas correntes nada têm a ver com um raciocínio lógico formal. Não se devem confundir os dados materiais do silogismo com o mecanismo de dedução formal.

12. Tudo o que é venenoso é nocivo.
Ora, estes cogumelos são nocivos.

Resposta:
Seja V: venenoso, N: nocivos, C: cogumelo.
Maior: todo o V é N.

Menor: os C são N
Não há conclusão válida. O termo médio é duas vezes particular.

As soluções dos exercícios seguintes encontram-se no final do livro.

– Concluir, se possível, os seguintes silogismos.

13. Todos os políticos são pessoas devotas. Certas pessoas devotas são ministros.

14. Todos os golfinhos são animais inteligentes. Nenhum golfinho é um animal carnívoro.

15. Os juristas são génios. Ora, todo o ser admirável é génio.

16. Nenhum professor é ingénuo. Certos ingénuos são políticos.

17. O movimento circular é perfeito. A Terra descreve um movimento perfeito.

18. Todos os juristas são pessoas honestas. Ora, nenhum criminoso é jurista.

19. Todos os gatos são criaturas que compreendem o português. Alguns frangos são gatos.

20. Nenhum professor é ingénuo. O Alfredo é professor.

– Os seguintes silogismos são válidos?

21. Alguns cogumelos não são comestíveis. O que é comestível não é perigoso. Portanto, alguns cogumelos não são perigosos.

22. Todos os bebés sabem rir. Os gatos não são bebés. Portanto, os gatos não sabem rir.

23. Todo o questionário comporta dificuldades. Nenhuma dificuldade é um obstáculo insuperável. Portanto, certos obstáculos insuperáveis não são questionários.

24. Todo o sábio é justo. Certos homens não são justos. Portanto, certos homens não são sábios.

25. Todo o eleitor tem 21 anos. O senhor Almeida tem 21 anos. Portanto, o senhor Almeida é eleitor.

26. Todo o ateniense é grego. Alguns filósofos não são gregos. Portanto, alguns atenienses não são filósofos.

27. Nenhuma bruxa gosta de crianças. Ora, nenhuma mãe é bruxa.

– Construir um silogismo que tenha por conclusão.

28. Os licornes não existem.

29. Algumas flores são vermelhas.

30. Alguns bebés divertem-se.

31. Nenhum dos meus filhos será lógico.

– Mais algumas delícias...

32. Considere-se a proposição: «Todos os criminosos possuem registo criminal».

- se a proposição é a maior de um silogismo cuja menor é «ora, nenhum jurista é criminoso», qual será a conclusão deste silogismo? Será válido? Se não, porquê?
- construa, se possível, um silogismo da 2.ª figura, do qual ela seja a conclusão; se não for possível, justifique.

33. Considere-se a proposição «Alguns ministros são incompetentes».

- se a proposição é a maior de um silogismo cuja menor é «ora, nenhum incompetente é honesto», qual será a conclusão deste silogismo? Será válido? Se não, porquê?
- construa, se possível, um silogismo válido da 3.ª figura, do qual ela seja a conclusão;se não for possível, explique porquê.

4.5 Contextualização científica

O silogismo judiciário

No clássico *Traité de droit civil* (Paris, Librairie Générale de Droit et de Jurisprudence, 1990, pp. 37-42), Jacques GHESTIN e Gilles GOUBEAUX analisam o raciocínio jurídico e, mais particularmente, o silogismo judiciário. O juízo representa classicamente um silogismo não-categórico, em que a maior enuncia uma regra de direito, a menor enuncia a constatação dos factos, enquanto que a conclusão impõe mecanicamente a decisão do juiz.

Exemplo:

Maior: o artigo 1382 do Código Civil dispõe que «qualquer facto que cause prejuízo a outrem obriga aquele que o causou a repará-lo».
Existem dois aspectos nesta maior: a descrição de uma conduta culpada que provoca um dano (p) e o efeito jurídico de tal conduta (q). Trata-se, portanto, de um enunciado hipotético «p ⇒ q».

Menor: um automobilista que, circulando do lado esquerdo da estrada, feriu um motociclista que vinha em sua direcção, causou por sua culpa um dano. A menor constata a culpa e o dano, o que corresponde ao antecedente «p» da implicação.

Conclusão: condenação a perdas e danos «q».

Nota: Este silogismo hipotético fundamental pode incluir silogismos intermédios. Exemplo: maior: a circulação efectua-se pela direita, sob pena de culpa (~direita ⇒ culpa); menor: ora, o automobilista circula pela esquerda (~direita); conclusão: portanto, tem culpa.

Esta maneira de encarar o raciocínio judiciário não deve iludir-nos. É interessante na medida em que permite uma apresentação coerente da decisão, mas não é garantia de objectividade, como se o juiz não fizesse mais do que «dizer» um direito que o transcenderia e que se imporia tanto a ele como ao arguido. Com efeito, vimos que a lógica é circular, o que significa que trata a informação sem trazer nada de novo no raciocínio. Assim, um silogismo é sempre ascendente ou regressivo, o que equivale a dizer que as denominações do tipo maior, menor ou conclusão são um pouco arbitrárias. Se conheço a maior e a conclusão de um silogismo, posso deduzir daí a menor, que será, de facto, uma conclusão.
Do mesmo modo, a afirmação de uma conclusão e de uma menor impõe a maior, que desempenha o papel de uma conclusão, ao passo que os dois primeiros juízos são as premissas.

Apliquemos esta situação ao silogismo judiciário: um juiz de má-fé decide uma condenação puramente arbitrária e procura uma maior (regra de direito) ou uma menor (constatação e interpretação dos factos) que imporão logicamente a condenação desejada. O juízo apresentado sob a forma de silogismo é, pelo menos aparentemente, muito objectivo e necessário.

Capítulo 3

Lógica moderna dos predicados

INTRODUÇÃO

Também denominada «lógica dos quantificadores» ou ainda «lógica intraproposicional», uma vez que se trata aqui de analisar a própria proposição; neste caso, a lógica das proposições do capítulo I deveria chamar-se «lógica interproposicional», dado que estuda as relações entre as proposições. Neste livro, limitaremos o estudo da lógica dos predicados ao estudo da lógica dos predicados monádicos e poliádicos de primeira ordem. Um predicado monádico é um predicado que se aplica apenas a um objecto: «O gato é carnívoro», «a casa é bela». Certos predicados aplicam-se a vários objectos. O predicado «irmão de» é um predicado diádico porque se aplica a dois objectos: «O Lucas é irmão da Cristina». O predicado «situado entre» é triádico porque se aplica a 3 objectos: «Verniers está situada entre Liège e Colónia». Como é binária, trata-se ainda de uma lógica clássica. É também uma lógica de primeira ordem, uma vez que os quantificadores que abordaremos dizem respeito aos objectos e não aos predicados.

1 LÓGICA DOS PREDICADOS MONÁDICOS

1.1 Objectivos

O estudo desta unidade permitirá:

1. Traduzir as expressões predicativas da linguagem natural em linguagem simbólica das proposições analisadas.
2. Avaliar estas proposições analisadas pelo método dos grafos.

1.2 Termos-chave

Proposição analisada – quantificador – variável individual – constante individual – variável predicativa – operador proposicional – quantificador universal – quantificador existencial – eliminação dos quantificadores.

1.3 Teoria

1.3.1 *A linguagem da lógica dos predicados*

Em cada proposição analisada, distinguimos, por um lado, o objecto e, por outro, aquilo que é afirmado sobre esse objecto. Existem, portanto:

1. variáveis para o objecto ou variáveis individuais x, y, z... (variáveis ligadas).
2. variáveis para o predicado ou variáveis predicativas P, Q, R...
3. variáveis para indivíduos concretos a, b, c... (variáveis livres).

Assim, Px significa: «o objecto x verifica o predicado P»
«x é P»
~Px significa: «o objecto x não é P»

O predicado precede o objecto, a cópula é subentendida.

As variáveis individuais, como são são variáveis, não representam um indivíduo específico. Surgem sempre acompanhadas por um quantificador, daí o seu nome de variáveis ligadas. Estas variáveis abstractas poderão ser concretizadas ou instanciadas (para usar a linguagem dos lógicos anglófilos) pela designação de um indivíduo concreto *hic et nunc*, que representamos por uma constante individual: a, b, c...

Assim, Pa significa: «o indivíduo, o objecto a é P». Não se trata de um indivíduo qualquer de uma maneira geral, mas de um objecto específico, constante, independente de qualquer quantificador.

Assim, as antigas proposições não-analisadas P e Q são analisadas pela distinção Predicado-objecto (sujeito) Pa, Qb...

Estas proposições são conectadas pelos operadores proposicionais clássicos:

$$\sim, \wedge, \vee, \Rightarrow, \Leftrightarrow \ldots$$

e dependentes de novos operadores e quantificadores:

1. o quantificador universal $\forall$
2. o quantificador existencial $\exists$.

Assim, $\forall$x significa: «Para todo o x», «para todo o objecto, indivíduo, que designaríamos por x», «qualquer x que seja».
$\exists$x significa: «Existe pelo menos um x tal que», «para qualquer x».

Podemos evidentemente manter o mesmo discurso para $\forall$y, $\forall$z...

Tudo isto permite construir expressões proposicionais ou fórmulas que respeitam a utilização clássica dos operadores e dos parêntesis.

1.3.2 *Algumas expressões proposicionais*

1. *A proposição A:* Todo o P é Q: $\forall x\ (Px \Rightarrow Qx)$: universal não-existencial. $\forall x\ (Px \Rightarrow Qx) \wedge \exists x\ Px$: universal existencial. A implicação marca uma relação de necessidade entre P e Q.
2. *A proposição E*: nenhum P é Q: $\forall x\ (Px \Rightarrow \sim Qx)$: universal não existencial.
3. *A proposição I*: algum P é Q: $\exists x\ (Px \wedge Qx)$: particular existencial. A conjunção traduz o facto de não haver relação de necessidade entre P e Q. Com efeito, $\exists x\ (Px \Rightarrow Qx)$ significa: existe pelo menos um objecto x que não pode ser P sem ser Q.
4. *A proposição O*: algum P não é Q: $\exists x\ (Px \wedge \sim Qx)$
5. *A contradição:* $A \Leftrightarrow \sim O$
   ‡ significa lei lógica.
   ‡ $\forall x\ (Px \Rightarrow Qx) \Leftrightarrow \sim(\exists x\ (Px \wedge \sim Qx))$
6. *A contrariedade:* A | E
   ‡ $(\forall x\ (Px \Rightarrow Qx) \wedge \exists x\ Px) \mid \forall x\ (Px \Rightarrow \sim Qx)$

7. *A subalternação:* $A \Rightarrow I \quad E \Rightarrow O$
‡ $(\forall x\ (Px \Rightarrow Qx) \wedge \exists x\ Px) \Rightarrow \exists x\ (Px \wedge Qx)$
‡ $(\forall x\ (Px \Rightarrow \sim Qx) \wedge \exists x\ Px) \Rightarrow \exists x\ (Px \wedge \sim Qx)$

8. *O silogismo BARBARA*
P, Q, R = pequeno, médio e grande termo. A ordem das premissas é invertida para facilitar a compreensão.
‡ $[\forall x\ (Px \Rightarrow Qx) \wedge \forall x\ (Qx \Rightarrow x\ Rx)] \Rightarrow (Px \Rightarrow Rx)$

9. *O silogismo FERIO*
‡ $[\exists x\ (Px \wedge \forall x\ (Qx \Rightarrow \sim Rx)] \Rightarrow \exists x\ (Px \wedge \sim Rx)$

10. *O silogismo DARAPTI*
‡ $[\forall x\ (Qx \Rightarrow Px) \wedge \exists x\ Qx \wedge \forall x\ (Qx \Rightarrow Rx)] \Rightarrow \exists x\ (Px \wedge Rx)$

11. *Algumas leis lógicas*
1. ‡ $\forall x\ Px \Rightarrow \exists x\ Px$
2. ‡ $\forall x\ (Px \vee \sim Px)$
3. ‡ $\forall x\ (Px \wedge Qx) \Rightarrow (\forall x\ Px \wedge \forall x\ Qx)$
4. ‡ $\exists x\ (Px \wedge Qx) \Rightarrow \exists x\ Px \wedge \exists x\ Qx)$
5. ‡ $\exists x \sim Px \vee \sim \exists x \sim Px$
6. ‡ $\sim \forall x\ Px \Leftrightarrow \sim Px$

Esta lei lógica exprime uma regra importante de passagem: uma negação atravessa um quantificador ou uma série de quantificadores ao invertê-los. Esta lei generaliza as leis de De Morgan aos quantificadores; podemos comparar o quantificador universal de uma conjunção infinita e o quantificador existencial (particular) de uma disjunção infinita.
Assim, $\sim(Pa \wedge Pb \wedge Pc...) \Leftrightarrow (\sim Pa \vee \sim Pb \vee \sim Pc...)$.
Tudo isto pode ser resumido da seguinte maneira:

‡ $\forall x\ Px \Leftrightarrow \sim \exists x \sim Px$

‡ $\exists x\ Px \Leftrightarrow \sim \forall x \sim Px$.

7. ‡ $\forall x\ (Px \wedge Qx) \Leftrightarrow (\forall x\ Px \wedge \forall x\ Qx)$

Distributividade do quantificador universal relativamente à conjunção. «Todos os pássaros são verdes e vermelhos» equivale a «todos os pássaros são verdes e todos os pássaros são vermelhos».

1.3.3 *Análise das proposições*

O princípio de análise destas proposições corresponde ao método dos grafos semânticos já estudado. Trata-se sempre de afirmar a proposição falsa e de decompô-la sob a forma de grafo. A presença ou ausência de contradições permite tirar uma conclusão sobre o carácter necessário, contingente ou contraditório da proposição. É preciso, todavia, acrescentar algumas regras suplementares específicas na análise dos grafos semânticos da lógica dos quantificadores. Estas regras dizem respeito à eliminação dos quantificadores. São possíveis quatro situações.

1. O quantificador universal é falso (F) ∀x
2. O quantificador particular é verdadeiro (V) ∃x
3. O quantificador universal é verdadeiro (V) ∀x
4. O quantificador particular é falso (F) ∃x

Estudemos cada um destes 4 casos a partir do exemplo Px.

a (F) ∀x é falso

É falso afirmar que todos os x são P. A partir do momento em que um x específico (a, b, c...) não é P, temos a certeza que ∀x Px é falso. Portanto, basta admitir que há um Px falso para que ∀x Px seja falso. Denominamos esse Px: Pa ou Pa é uma instanciação de Px. Se existe já um Pa no grafo, denominamos esse Px: Pb e assim sucessivamente. Com efeito, não temos a certeza de que os Px já mencionados no grafo ou ramo do grafo falsifiquem efectivamente ∀x Px. Daí ser necessário mencionar sempre um x superior àqueles que já mencionados para ter a certeza de que esse x é mesmo aquele que torna ∀x Px falso. No grafo, o raciocínio é formulado da seguinte maneira:

(F) ∀x Px
(F) Pa

ou Pb se já existe um Pa no tronco ou no ramo do grafo em questão.

b ∃x Px é verdadeiro

Existe pelo menos um x que é P. A partir do momento em que um x específico (a, b, c...) é P, temos a certeza de que ∃x Px é verdadeiro. Portanto, basta admitir que existe um Px para que ∃x Px seja verdadeiro. Denominamos esse Px: Pa. Se já existe um Pa no grafo, denominamos esse Px: Pb e assim sucessivamente. Com efeito, não temos a certeza de que os Px (a, b, c...) já mencionados no grafo ou ramo do grafo tornem ∃x Px verdadeiro. Por isso, é sempre necessário mencionar um x superior àqueles já mencionados para ter a certeza que este x é mesmo aquele que torna ∃x Px verdadeiro. No grafo, o raciocínio é formulado da seguinte maneira:

(V) ∃x Px
(V) Pa

ou Pb se já existe um Pa no tronco ou no ramo do grafo em questão.

c ∀x Px é verdadeiro

Todos os x são P. Para ter a certeza de que isto é verdadeiro, é preciso que todos os x em causa no tronco ou no ramo do grafo sejam verdadeiros. Portanto, é necessário admitir como verdadeiros (V) todos os x que intervêm no tronco ou no ramo do grafo. Se ainda não existe x mencionado, começamos por a; se já existem x mencionados, retomamo-los a todos. Deixamos até um espaço livre para mencionar nesse lugar outros x que possam aparecer na sequência do exercício. Todos os x que intervêm nesta fase do exercício devem ser admitidos «verdade» sob ∀x Px verdadeiro. No grafo, o raciocínio é formulado da seguinte maneira:

(V) ∀x Px
(V) Pa + ...

d ∃x Px falso

É falso afirmar que um x é P. Para ter a certeza desta afirmação, é preciso que todos os x em questão no tronco ou no ramo do grafo sejam falsos. É necessário, portanto, admitir como falsos (F) todos os x que intervêm no tronco ou no ramo do grafo. Se ainda não existe x mencionado, começamos por a; se já existem x mencionados, retomamo-los a todos. Deixamos mesmo um espaço livre para mencionar nesse lugar outros x que possam aparecer na sequência do exercício. Todos os x que intervêm nesta fase do exercício devem ser admitidos «falso» sob ∃x Px falso. No grafo, o raciocínio é formulado da seguinte maneira:

(F) ∃x Px
(F) Pa + ...

Estas quatro regras suplementares de eliminação dos quantificadores permitem a decomposição total das expressões proposicionais da mesma maneira já praticada na lógica interproposicional. Vejamos alguns exemplos:

1.4 Exercícios

Nota: é mais cómodo começar por eliminar (F) ∀x e (V) ∃x, atribuindo-lhe um exemplo novo de cada vez. Em seguida, eliminamos (V) ∀x e (F) ∃x retomando todos os exemplos apropriados que são retomados no mesmo ramo ou no tronco comum.

1. *Avaliar a expressão:* ~∀x Px ⇒ ∃x ~Px

Resposta:
(1) (F) ~∀x Px ⇒ ∃x ~Px
(2.1) (V) ~∀x Px
(3.1) (F) ∃x ~Px
(4.2) (F) ∀x Px
(5.4) (F) Pa
(6.3) (F) ~Pa
(7.6) (V) Pa

Conclusão:
~Pa ∧ Pa ou (5.4) e (7.6)
Contradição. Lei lógica.

Comentário: (1) A expressão a avaliar é retomada e admitida falsa (F).
(5.4) Basta admitir um exemplo particular (a) que não verifique P: (F) Pa para eliminar o quantificador universal ∀x.
(6.3) Não esquecer a negação após a eliminação do quantificador particular ∃x.
As expressões elementares da decomposição já não são p, q, m, etc., como na lógica interproposicional, mas expressões do género Pa, Qb, Mc..., que representam a proposição distinguindo o predicado (P, Q, M ...) e o objecto que o verifica (a, b, c...)

2. *Avaliar a expressão:* ∃x Px ∨ ∀x ~Px.

Resposta:
(1) (F) ∃x Px ∨ ∀x ~Px
(2.1) (F) ∃x Px
(3.1) (F) ∀x ~Px
(4.3) (F) ~Pa
(5.4) (V) Pa
(6.2) (F) Pa

Conclusão: Apenas uma decomposição contraditória: Pa ∧ ~Pa ou (5.4) e (6.2).
É uma lei lógica.

3. *Avaliar a expressão:* ∀x Px ∨ ∀x ~Px

Resposta:
(1) (F) ∀x Px ∨ ∀x ~Px
(2.1) (F) ∀x Px
(3.1) (F) ∀x ~Px
(4.2) (F) Pa
(5.3) (F) ~Pb
(6.5) (V) Pb

Conclusão: Só uma decomposição é não-contraditória. Existe, portanto, um caso que não verifica a expressão. Não é uma lei lógica. Isto é evidente se traduzimos esta disjunção da seguinte maneira: ou todos os homens são brancos, ou nenhum homem é branco.

4. *Avaliar a expressão:* ~∃x Px ⇔ ∀x ~Px

Resposta:
(1) (F) ~∃x Px ⇔ ∀x ~Px

(2.1) (F) ~∃x Px	(4.1) (V) ~∃x Px
(3.1) (V) ∀x ~Px	(5.1) (F) ∀x ~Px
(6.2) (V) ∃x Px	(7.4) (F) ∃x Px
(8.6) (V) Pa	(11.5) (F) ~Pa
(9.3) (V) ~Pa	(12.11) (V) Pa
(10.9) (F) Pa	(13.7) (F) Pa

Conclusão: Duas decomposições contraditórias
Pa ∧ ~Pa (8.6) e (10.9)
Pa ∧ ~Pa (12.11) e (13.7)
Lei lógica.

Comentário: Para as variáveis individuais livres a, b, c..., é preciso ter em conta o facto de que cada ramo do grafo corresponde a duas situações independentes.

5. *Avaliar a expressão:* $\forall x\,(Px \vee Qx) \Rightarrow (\exists x\,Px \vee \exists x\,Qx)$

Resposta:

(1) (F) $\forall x\,(Px \vee Qx) \Rightarrow (\exists x\,Px \vee \exists x\,Qx)$
(2.1) (V) $\forall x\,(Px \vee Qx)$
(3.1) (F) $\exists x\,Px \vee \exists x\,Qx$
(4.3) (F) $\exists x\,Qx$
(5.3) (F) $\exists x\,Qx$
(6.4) (F) Pa + ...
(7.5) (F) Qa + ...
(8.2) (V) $Pa \vee Qa$ + ...

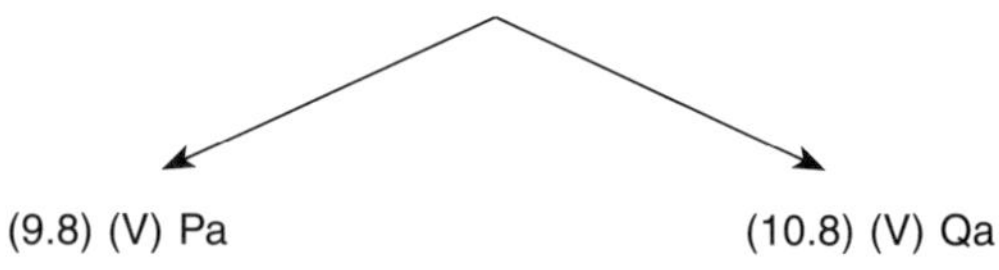

(9.8) (V) Pa (10.8) (V) Qa

Conclusão: Duas decomposições contraditórias.
$Pa \wedge {\sim}Qa \wedge {\sim}Pa$ (6.4) e (9.8)
$Qa \wedge {\sim}Qa \wedge {\sim}Pa$ (10.8) e (7.5)
A conclusão retoma como conjunção cada elemento simples (proposição analisada) de cada contra-exemplo e salienta as eventuais contradições. O exercício 5 avalia uma expressão que é uma lei lógica, uma vez que as duas decomposições são contraditórias.

Comentário: Em (6.4) admitimos Pa porque é preciso admitir um primeiro a para eliminar o quantificador. É preciso também deixar um lugar (+...) para acrescentar outras variáveis individuais livres se a sequência do exercício impuser outras. A mesma situação em (7.5) e (8.2). Notemos finalmente que (8.2) se decompõe como uma simples disjunção inclusiva.

6. *Avaliar a expressão:* $\forall x\,(Px \vee Qx) \Rightarrow (\forall x\,Px \vee \forall x\,Qx)$

Resposta:

(1) (F) $\forall x\,(Px \vee Qx) \Rightarrow (\forall x\,Px \vee \forall x\,Qx)$
(2.1) (V) $\forall x\,(Px \vee Qx)$
(3.1) (F) $\forall x\,Px \vee \forall x\,Qx$
(4.3) (F) $\forall x\,Px$
(5.3) (F) $\forall x\,Px$
(6.4) (F) Pa
(7.5) (F) Qb
(8.2) (V) $Pa \vee Qa$
$Pb \vee Qb$

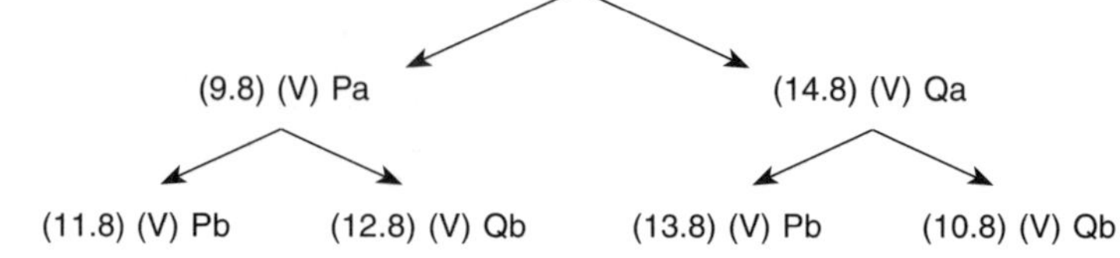

(9.8) (V) Pa (14.8) (V) Qa

(11.8) (V) Pb (12.8) (V) Qb (13.8) (V) Pb (10.8) (V) Qb

Conclusão: Existem 4 decomposições:

1. $\sim Pa \land \sim Qb \land Pa \land Pb$
2. $\sim Pa \land \sim Qb \land Pa \land Qb$
3. $\sim Pa \land \sim Qb \land Qa \land Pb$
4. $\sim Pa \land \sim Qb \land Qa \land Qb$

A 3.ª decomposição não é contraditória. Existe, portanto, um contra-exemplo. Esta expressão é contingente; é falsa sempre que um a é Q sem ser P e que um b é P sem ser Q.

Comentário: Em (8.2), é preciso mencionar a e b. A decomposição das duas possibilidades de (8.2) implica, portanto, 4 possibilidades em nome do princípio de ditributividade. Notemos igualmente que a descrição das decomposições pode ser feita a partir do tronco do grafo – como acontece aqui – ou a partir das extremidades de cada ramo.

7. *Avaliar a expressão:* $(\exists x\ Px \land \exists x\ Qx) \Rightarrow \exists x\ (Px \land Qx)$

Resposta:

(1) (F) $(\exists x\ Px \land \exists x\ Qx) \Rightarrow \exists x\ (Px \land Qx)$

(2.1) (V) $\exists x\ Px \land \exists x\ Qx$

(3.1) (F) $\exists x\ (Px \land Qx)$

(4.2) (V) $\exists x\ Px$

(5.2) (V) $\exists x\ Px$

(6.4) (V) Pa

(7.5) (V) Qb

(8.3) (F) $Pa \land Qa$
$Pb \land Qb$

Conclusão: Existem 4 decomposições.
1. $Pa \land Qb \land \sim Pa \land \sim Pb$
2. $Pa \land Qb \land \sim Pa \land \sim Qb$
3. $Pa \land Qb \land \sim Qa \land \sim Pb$
4. $Pa \land Qb \land \sim Qa \land \sim Qb$

A terceira decomposição não é contraditória, o que significa que esta proposição é falsa sempre que um elemento a verifica P e não verifica Q e sempre que um elemento b verifica Q e não verifica P. Isto pode ser ilustrado a partir dos conjuntos P e Q.

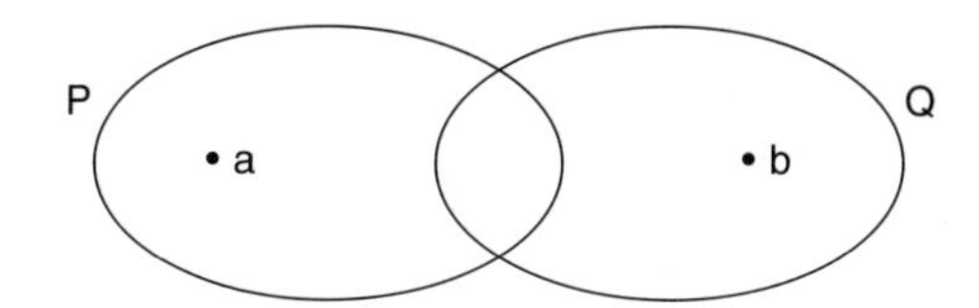

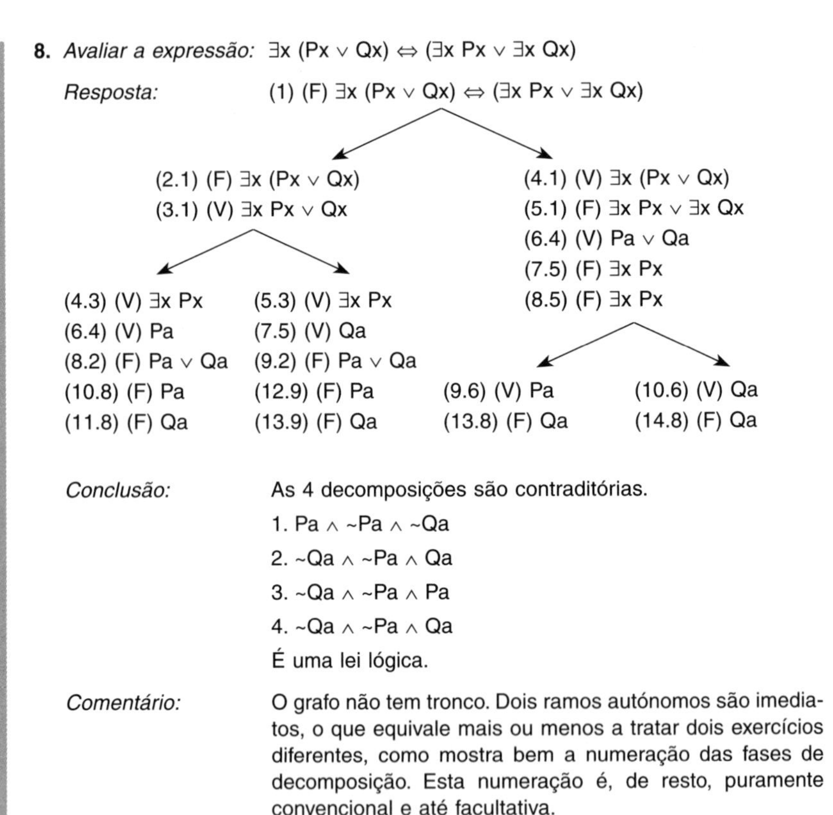

8. *Avaliar a expressão:* ∃x (Px ∨ Qx) ⇔ (∃x Px ∨ ∃x Qx)

Resposta: (1) (F) ∃x (Px ∨ Qx) ⇔ (∃x Px ∨ ∃x Qx)

(2.1) (F) ∃x (Px ∨ Qx)
(3.1) (V) ∃x Px ∨ Qx

(4.3) (V) ∃x Px
(6.4) (V) Pa
(8.2) (F) Pa ∨ Qa
(10.8) (F) Pa
(11.8) (F) Qa

(5.3) (V) ∃x Px
(7.5) (V) Qa
(9.2) (F) Pa ∨ Qa
(12.9) (F) Pa
(13.9) (F) Qa

(4.1) (V) ∃x (Px ∨ Qx)
(5.1) (F) ∃x Px ∨ ∃x Qx
(6.4) (V) Pa ∨ Qa
(7.5) (F) ∃x Px
(8.5) (F) ∃x Px

(9.6) (V) Pa
(13.8) (F) Qa

(10.6) (V) Qa
(14.8) (F) Qa

Conclusão: As 4 decomposições são contraditórias.

1. Pa ∧ ~Pa ∧ ~Qa
2. ~Qa ∧ ~Pa ∧ Qa
3. ~Qa ∧ ~Pa ∧ Pa
4. ~Qa ∧ ~Pa ∧ Qa

É uma lei lógica.

Comentário: O grafo não tem tronco. Dois ramos autónomos são imediatos, o que equivale mais ou menos a tratar dois exercícios diferentes, como mostra bem a numeração das fases de decomposição. Esta numeração é, de resto, puramente convencional e até facultativa.

1.5 Contextualização científica

Os problemas filosóficos são problemas linguísticos

No século XX, a filosofia da linguagem desenvolve-se em duas direcções: a interpretação e a clarificação.

A *interpretação* é a palavra de ordem da filosofia fenomenológica, da qual P. RICOEUR é um representante típico. Nesta, considera-se que a expressão linguística é um reflexo pálido de um universo muito mais vasto, englobante e inesgotável. Por conseguinte, é necessário interpretar o símbolo que é a palavra para trazer à luz as virtudes ocultas, a sabedoria implícita que me é sugerida no discurso. A hermenêutica filosófica dilata a linguagem para explicitar um símbolo que tem uma função ontológica e não apenas cognitiva.

A *clarificação* é a palavra de ordem da filosofia analítica anglo-saxónica que pretende abordar a questão da linguagem de uma maneira rigorosa e lógica, construindo uma linguagem artificial que será evidentemente menos rica do que a linguagem natural, pelo menos aparentemente, mas que permitirá resolver as ambiguidades desta última e exorcizar de uma vez por todas os falsos problemas filosóficos veiculados há já demasiado tempo. O empirismo lógico está na linha desta corrente de pensamento, da qual podemos precisar algumas características gerais.

A expressão «filosofia analítica» é reivindicada por muitos filósofos, sobretudo nos Estados Unidos, na Inglaterra, na Polónia, que consideram que a filosofia deve ser uma análise cuja finalidade é clarificar o pensamento. O acto de análise é primeiro relativamente à noção de conteúdo ou de saber. Trata-se não tanto de construir um sistema, mas de desenvolver um espírito de análise que elimine as expressões obscuras da linguagem natural, de modo a manter apenas as fórmulas transparentes sem equívoco. Além disso, esta análise da linguagem é a única maneira de clarificar o pensamento, uma vez que a expressão linguística é um dado natural e objectivo, certamente mais evidente do que o mundo das ideias de PLATÃO ou as categorias de KANT.

Esta clarificação dispõe dos poderosos meios da lógica moderna para levar a cabo a sua operação. A construção de uma linguagem lógica rigorosa deve permitir a eliminação dos pseudoproblemas filosóficos da linguagem natural. Com efeito, uma formulação não-rigorosa levanta questões insolúveis, ao passo que uma formulação lógica impõe uma resposta unívoca.

Podemos ilustrar esta convicção com diversos exemplos:

1. Considere-se a proposição matemática «3 + 4 x 2 = ?». Podemos debater longamente entre as respostas 14 ou 11. Uma simples precisão de formulação, como (3 + 4) x 2 = 14, e o debate fica encerrado.

2. Considere-se o enunciado «cada homem ama uma mulher». Isto pode significar que todos os homens amam uma e somente uma mulher, a mesma para todos; ou antes, que a cada homem corresponde sempre uma mulher. Este género de ambiguidade é resolvida graças à formulação lógica: x = homem; y = mulher.

   $(\forall x)\ (\exists x)\ (x \text{ ama } y).$

   $(\exists x)\ (\forall x)\ (x \text{ ama } y)$: 1.º caso.

3. Considerem-se os 4 enunciados seguintes. Deus *existe*; Isabel II é a rainha de Inglaterra; Isabel II é uma mulher; a mulher é um ser humano. O simbolismo lógico do verbo ser varia em cada caso:

   1) $\exists x\ (x = \text{Deus})$; 2) $\equiv$; 3) $\in$; 4 $\subset$

   Este género de formulação permite evitar sofismas do género:

   Maior: Deus é Deus.

   Menor: aquilo que é, existe.

   Conclusão: Deus existe.

Com efeito, o verbo ser na maior corresponde ao símbolo lógico «≡», ao passo que na menor trata-se de $\exists x$ (x = Deus). Uma vez mais, a formulação lógica unívoca permite evitar discussões filosóficas inúteis.

4. Finalmente, podemos ter longas discussões sobre o seguinte problema crucial: considere-se um cão que gira em volta de uma vaca fixando-a nos olhos, enquanto a vaca gira sobre si mesma mantendo o olhar. O cão girou ou não em torno da vaca? Para colocar um ponto final numa discussão que se arrisca a eternizar-se, basta precisar a expressão «girar em volta de». A precisão da questão imporá necessariamente a resposta.

   Assim, ao clarificar a linguagem natural, a linguagem lógica eliminará os problemas filosóficos, que muitas vezes não são mais do que problemas linguísticos. Este é o ponto de vista da filosofia analítica.

2 LÓGICA DOS PREDICADOS DIÁDICOS (DAS RELAÇÕES)

2.1 Objectivos

O estudo desta unidade permitirá:

1. Analisar proposições de relação binária, ou seja, proposições que mencionam dois objectos, aos quais aplicamos um predicado binário ou diádico. Existe, portanto, multiplicidade de objectos e unidade de predicado. Continuamos numa lógica de primeira ordem. Exemplo de predicados diádicos: ser maior do que, amar, ser irmão de. A lógica das relações foi desenvolvida por PEIRCE (1839-1914).
2. Compreender a diferença formal fundamental entre a lógica dos predicados monádicos e a lógica dos predicados diádicos.
3. Familiarizar-se com algumas propriedades das relações binárias.

2.2 Termos-chave

Diádico – poliádico – relação binária – lógica da primeira ordem – variáveis de relação – antecedente – consequente – âmbito – método de decisão – simetria – assimetria – não-simetria – não-assimetria – transitividade – intransitividade – não-transitividade – não-intransitividade – reflexividade – irreflexividade – não-reflexividade – não-irreflexividade – grau de uma relação.

2.3 Teoria

2.3.1 *Sintaxe*

É preciso discernir em cada proposição dois objectos ligados por um predicado binário, ou de relação binária, ou diádica. Mais uma vez, trata-se aqui apenas de quantificação de objectos e não de predicados. Um predicado binário é representado por uma «variável de relação»: P, Q, R, S... Estas letras correspondem às variáveis dos predicados monádicos, mas a confusão não é possível no âmbito global da expressão proposicional. Com efeito:

Uma variável de relação seguida de (aplicada a) duas variáveis individuais dá uma expressão proposicional (ou fórmula).

A primeira variável individual representa o argumento antecedente e a outra o argumento consequente. A variável de relação precede os dois argumentos.

Exemplos:

Seja R: ser maior do que

então: Rxx significa: o objecto x é maior que ele próprio.

Rxy significa: o objecto x é maior do que o objecto y.

Ryx significa: o objecto y é maior do que o objecto x.

Estas expressões proposicionais podem ser associadas aos quantificadores clássicos:

então $\forall x\ \forall y\ Rxy$ significa: todo o objecto x é maior do que todo o objecto y (incluindo ele próprio).

$\exists x\ \exists y\ Rxy$ significa: existe pelo menos um objecto x maior do que um objecto y (incluindo ele próprio).

A expressão «incluindo ele próprio» é importante no plano lógico, apesar de colocar problemas no plano ontológico. Com efeito, as variáveis x e y, submetidas a quantificadores, não designam objectos, mas papéis desempenhados por eventuais objectos:

Seja: $\forall x\ \forall y\ Rxy$

x desempenha o papel de antecedente

y desempenha o papel de consequente.

Notemos ainda que $\forall x\ \forall y\ Rxy \Leftrightarrow \forall y\ \forall x\ Rxy$

É ainda possível combinar expressões que mencionam um objecto com expressões que mencionam dois objectos:

Seja R: ser maior do que. P: ser lógico.

Então, $\exists x\ (Rxy \wedge Px)$ significa: existe pelo menos um objecto y mais pequeno do que um lógico.

$\exists x\ (Ryx \wedge Px)$ significa: existe pelo menos um objecto y maior do que um lógico.

$\forall x\ (Ryx \wedge Py)$ significa: o objecto y é lógico e é maior do que qualquer outro objecto.

2.3.2 *Os quantificadores da relação binária*

A relação binária pode ser quantificada de seis maneiras diferentes. Seja Rxy: x ama y, sendo evidente que esta relação diz respeito ao domínio dos humanos.

$\forall x\ \forall y\ Rxy$: Toda a gente ama toda a gente (logo, a si mesmo!)

$\exists x\ \forall x\ Rxy$: Existem pessoas que amam toda a gente.

$\exists y\ \forall x\ Rxy$: Existem pessoas amadas por todos.

$\forall x\ \exists y\ Rxy$: Toda a gente ama alguém.

$\forall y\ \exists x\ Rxy$: Toda a gente é amada por alguém.

$\exists x\ \exists y\ Rxy$: Alguém ama alguém.

É evidente que $\forall x\ \forall y \Leftrightarrow \forall y\ \forall x$

$\exists x\ \exists y \Leftrightarrow \exists y\ \exists x$

A posição do quantificador é importante, uma vez que determina a sua zona de influência, que é a subfórmula que lhe segue imediatamente. Esta subfórmula é o âmbito ou o alcance do quantificador. Quando dois quantificadores se seguem, o segundo está no âmbito do primeiro, o que modifica profundamente o seu sentido.

2.3.3 *Propriedades das relações*

a Simetria

Uma relação binária é simétrica ou comutativa quando se verifica entre dois objectos apresentados numa ordem qualquer.

Exemplos: ser igual a, ser vizinho de.

Formalização: $\forall x\ \forall y\ (Rxy \Rightarrow Ryx)$. A implicação exprime a necessidade ou a universalidade: em todos os casos, a relação pode ser invertida.

b Assimetria

Uma relação binária é assimétrica quando se verifica entre dois objectos tomados numa certa ordem e nunca na ordem inversa.

Exemplo: ser pai de, ser antepassado de.

Formalização: $\forall x \forall y\ (Rxy \Rightarrow \sim Rxy)$.

A implicação exprime a necessidade ou a universalidade: a relação não pode ser invertida em caso algum.

c Não-simetria

Uma relação binária é não-simétrica se se verificar entre dois objectos tomados numa certa ordem e se não se verificar nos mesmos objectos tomados na ordem inversa.

Exemplo: ser irmão de (o 2.º objecto *pode* ser uma irmão)

Formalização: $\exists x \exists y\ (Rxy \wedge \sim Ryx)$.

A conjunção exprime a possibilidade: a relação pode não ser invertida.

d Não-assimetria

Uma relação binária é não-assimétrica quando é possível inverter a ordem dos objectos.

Exemplo: ser irmão de (os dois objectos podem ser masculinos).

Formalização: $\exists x \exists y\ (Rxy \wedge Ryx)$

Nota: Simetria ⇒ ~assimetria

Simetria ⇒ ~não-simetria

Simetria ⇒ não-assimetria

Assimetria ⇒ ~simetria

Assimetria ⇒ ~não-assimetria

Assimetria ⇒ não simetria

Não-simetria ⇒ ~simetria

Não-simetria ⇒ assimetria W não-assimetria

Não-assimetria ⇒ ~assimetria

Não-assimetria ⇒ simetria W não-simetria

e Transitividade

Uma relação é transitiva no caso em que, quando colocada entre x e y e entre y e z, é necessariamente admitida entre x e z.

Exemplo: ser maior do que

Formalização: $\forall x \forall y\ (\exists z\ (Rxz \wedge Rzy) \Rightarrow Rxy)$

f Intransitividade

Uma relação é intransitiva se a relação de transitividade não se verificar entre dois objectos (x, y).

Exemplo: ser pai de.

Formalização: $\forall x \forall y\ (\exists z\ (Rxz \wedge Rzy) \Rightarrow \sim Rxy)$.

g Não-transitividade

Uma relação é não-transitiva se não for necessariamente verificada entre dois objectos (x, y).

Exemplo: ser diferente de.

Formalização: $\exists x \exists y\ (\exists z\ (Rxz \wedge Rzy) \wedge \sim Rxy)$.

h Não-intransitividade

Uma relação é não-intransitiva se puder ser verificada entre dois objectos (x, y).

Exemplo: ser diferente de.

Formalização: $\exists x \exists y\ (\exists z\ (Rxz \wedge Rzy) \wedge Rxy)$.

Nota: Encontramos o mesmo tipo de oposições que no caso da simetria.

I Reflexividade

Uma relação é reflexiva se todo o objecto verifica essa relação por si mesmo.

Exemplo: ser idêntico a.

Formalização: $\forall x\ Rxx$.

j Irreflexibilidade

Uma relação é irreflexiva se algum objecto não verifica essa relação por si mesmo.

Exemplo: ser diferente de.

Formalização: $\forall x \sim Rxx$

k Não-reflexividade

Uma relação é não-reflexiva se pelo menos um objecto não verifica essa relação por si mesmo.

Exemplo: ter simpatia por.

Formalização: $\exists x \sim Rxx$.

l Não-irreflexividade

Uma relação é não-irreflexiva se pelo menos um objecto verifica essa relação por si mesmo.

Exemplo: ter simpatia por.

Formalização: $\exists x\, Rxx$.

2.3.4 *Recapitulação*

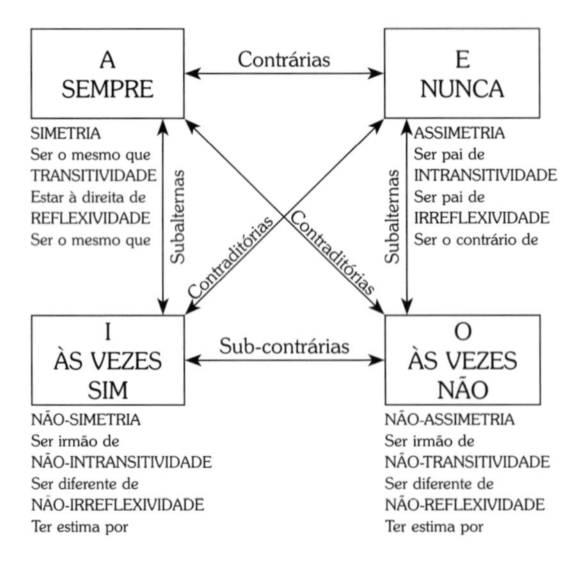

Nota: ligação entre as relações.

Se A então	~E	*Se E* então	~A	*Se I* então	~E	*Se O* então	~A
	~O		~I		O W ~O		I W ~I
	I		O		A W ~A		E W ~E

2.3.5 *Relações poliádicas ou mais-que-binárias*

Podemos facilmente alargar a lógica dos predicados binários aos predicados mais-que-binários. Falamos então de *grau* de uma relação para designar o número de objectos que coloca em jogo. *Exemplos:* «situa-se entre... e...» é uma relação do 3.º grau. «Dá... a... em agradecimento por...» é uma relação do 4.º grau. Em princípio, isto não coloca dificuldades suplementares se respeitarmos bem a utilização dos parêntesis e se nos lembrarmos, evidentemente, de que a ordem de apresentação dos argumentos é importante.

2.4 Exercícios

1. Traduzir numa expressão proposicional o seguinte enunciado: «Os ratos verdes são mais belos do que os outros».

Resposta: Seja Sx: x é um rato, Vx: x é verde.
Bxy: x é mais belo do que y
$\forall x$ (x é rato verde $\Rightarrow$ x mais belo do que rato não verde)
$\forall x\ ((Sx \wedge Vx) \Rightarrow \forall y\ ((Sy \wedge \sim y) \Rightarrow Bxy))$.

2. Idem. «Para todo o número existe um número maior do que ele».

Resposta: Seja Nx: x é um número, Gxy: x é maior do que y.
$\forall x\ \exists y\ (Nx \Rightarrow (Ny \wedge Gyx))$.

3. Idem. «Todos os irmãos se assemelham».

Resposta: Seja Fxy: x é irmão de y
Hy: é homem.
Rxy: x assemelha-se a y.
$\forall x\ \forall y\ ((Fxy \wedge Hy) \Rightarrow Rxy)$

4. Avaliar a seguinte expressão proposicional: $\exists x\ \exists y\ Rxy \Rightarrow \sim\forall x\ \forall y\ \sim Rxy$

Resposta:
(1) (F) $\exists x\ \exists y\ Rxy \Rightarrow \sim\forall x\ \forall y\ \sim Rxy$
(2.1) (V) $\exists x\ \exists y\ Rxy$
(3.1) (F) $\sim\forall x\ \forall y\ \sim Rxy$
(4.3) (V) $\forall x\ \forall y\ \sim Rxy$
(5.2) (V) $\exists y\ Ray$
(6.5) (V) Rab
(7.4) $\forall y\ \sim Ray$
(8.7) (V) $\sim Raa$ +...
$\sim Rab$
(9.8) (F) Raa
Rab

Comentário: Existe uma única decomposição contraditória: (6.5) e (9.8). É uma lei lógica. Isto é evidente uma vez que a aplicação do princípio de passagem da negação mostra a equivalência do antecedente e do consequente da fórmula.

5. Idem. $\exists x\ \forall y\ Rxy \lor \exists x\ \exists y \sim Rxy$

Resposta: (1) (F) $\exists x\ \forall y\ Rxy \lor \exists x\ \exists y \sim Rxy$
(2.1) (F) $\exists x\ \forall y\ Rxy$
(3.1) (F) $\exists x\ \exists y \sim Rxy$
(4.2) (F) $\forall y\ Ray$
(5.4) (F) Rab
(6.3) (F) $\exists y \sim Ray$
(7.6) (F) ~Rab + ...
(8.7) (V) Rab

Comentário: Uma única decomposição contraditória (5.4) e (8.7). Lei lógica.

6. Idem. $\sim\exists x\ \forall y\ Rxy \Rightarrow \forall x\ \exists y \sim Rxy$

Resposta: (1) (F) $\sim\exists x\ \forall y\ Rxy \Rightarrow \forall x\ \exists y \sim Rxy$
(2.1) (V) $\sim\exists x\ \forall y\ Rxy$
(3.1) (F) $\forall x\ \exists y \sim Rxy$
(4.2) (F) $\exists x\ \forall y\ Rxy$
(5.3) (F) $\exists y \sim Rxy$
(6.5) (F) ~Raa + ...
(7.6) (V) Raa
(8.4) (F) $\forall y\ Ray$ + ...
(9.8) (F) Rab
(10.6) (F) ~Rab
(11.10) (V) Rab

Comentário: uma única decomposição contraditória. Lei lógica. O sinal +... significa que talvez seja necessário completar a informação se um elemento novo aparecer no exercício. Por exemplo, (10.6) completa (6.5) a seguir ao aparecimento do novo elemento b em (9.8).

7. Idem. $\forall x\ \exists y\ Rxy \Rightarrow \exists y\ \forall x\ Rxy$

Resposta: (1) (F) $\forall x\ \exists y\ Rxy \Rightarrow \exists y\ \forall x\ Rxy$
(2.1) (V) $\forall x\ \exists y\ Rxy$
(3.1) (F) $\exists y\ \forall x\ Rxy$
(4.2) (V) $\exists y\ Ray$ + ...
(5.4) (V) Rab
(6.3) (F) $\forall x\ Rxb$ + ...
(7.6) (F) Rcb
(8.4) (V) $\exists y\ Rcy$ + ...
(9.8) (F) Rcd
(10.6) (F) $\forall x\ Rxd$ + ...
(11.10) (V) Red
(12.8) (V) $\exists y\ Rey$ + ...
(13.12) (V) Ref

Comentário: Esta decomposição não tem fim. Com efeito, a decomposição de (2.1) dá (4.2), que deverá ser completada se aparecer um novo elemento, e a decomposição de (3.1) dá (6.3), que deverá ser completada se aparecer um novo elemento. Ora, estas decomposições exigem sempre um novo elemento, que impõe um complemento ao outro. Este movimento circular é infinito. A expressão não é, portanto, uma lei lógica. O exemplo aqui estudado mostra claramente que não serve de nada continuar, mas existem casos em que não é assim tão evidente. Por conseguinte, o método dos grafos não é um método de decisão para a análise das proposições com predicados diádicos. Com efeito, o lógico A. CHURCH demonstrou que não existe nenhum método possível de decisão para a lógica das proposições que mencionam dois objectos. Assim, a lógica dos predicados diádicos é diferente da lógica dos predicados monádicos.

As soluções dos exercícios seguintes encontram-se no final do livro.

8. Traduzir para uma expressão proposicional o seguinte enunciado: «Todas as mães amam os seus filhos».

9. Idem: «Se o Pedro é mais rico do que o Paulo, Lúcia casar-se-á com ele».

10. Idem: «Existem pessoas que não criticam aquelas que criticam toda a gente».

11. Avaliar a seguinte expressão proposicional: $\forall x\ \forall y\ Rxy \Leftrightarrow y \forall x\ Rxy$

12. Idem: $\exists x\ \exists y\ Rxy \Leftrightarrow \exists y\ \exists x\ Rxy$

13. Idem: $\exists x\ \forall y\ Rxy \vee \exists x\ \exists y\ {\sim}Rxy$

14. Idem: ${\sim}\exists x\ \exists y\ Rxy \Leftrightarrow \forall x\ \forall y\ {\sim}Rxy$

2.5 Contextualização científica

As dificuldades do empirismo lógico

O empirismo lógico é uma corrente filosófica desenvolvida sobretudo pelo Círculo de Viena, fundado em 1923 por Moritz SCHLICK. A ideia geral consiste em afirmar que só existe conhecimento na experiência sensível (empirismo) e na lógica formal. Para os empiristas lógicos do Círculo de Viena, toda a língua falada é composta por enunciados bem construídos e enunciados mal construídos. Um enunciado está bem construído quando respeita a sintaxe puramente convencional da língua em questão. Em português, «a casa é vermelha» é um enunciado bem construído, ao passo que «Juliano quadrado dentro» é um enunciado mal construído. Trata-se obviamente de uma pura convenção. Os enunciados bem construídos têm sentido ou não têm sentido; têm sentido se forem verificáveis pela experiência sensível; e não têm sentido se não forem verificáveis pela experiência sensível. «Deus existe» e «os anjos protegem-me» são enunciados bem construídos, mas não têm sentido porque não são empiricamente verificáveis. Não se trata sequer de saber se são verdadeiros ou falsos; esta questão não se coloca, dado que estes enunciados não têm sentido. Notemos, portanto, que, para os empiristas, a questão do sentido ou da referência empírica é mais fundamental do que a questão da verdade ou falsidade. Enfim, um enunciado que tem sentido pode ser verdadeiro ou falso se corresponder ou não à realidade verificável. «Bruxelas é a capital de França» é um enunciado bem construído, tem sentido, mas é falso. «A Bélgica é um país da Europa» é um enunciado bem construído, com sentido e é verdadeiro. Assim, o Círculo de Viena recusa atribuir o mínimo crédito aos enunciados da metafísica, que, por natureza, são inverificáveis. Não serve de nada debater sobre a existência ou inexistência dos anjos – é um debate que não tem sentido.

Portanto, para o empirismo lógico, a experiência sensível e a lógica são suficientes para dar conta das teorias científicas e da sua eficácia. Os lógicos do Círculo de Viena e os seus sucessores empenharam-se, então, nesta tarefa intelectual monumental que consiste em unificar todas as ciências positivas, baseando-as em dois princípios: a experiência e a lógica. Este projecto, aparentemente mais ou menos acessível ao bom senso comum, cedo encontrou dificuldades, que, actualmente, estão longe de serem superadas. Salientemos quatro entre muitas outras: 1. O problema da verificação empírica. 2. A ornitologia de gabinete (HEMPEL). 3. O estatuto dos termos teóricos (PUTNAM). 4. A implicação lógica.

1. *O problema da verificação empírica*
   Em *L'Empirisme logique* (Paris, P.U.F., 1970), L. VAX analisa esta questão da verificação lógica e empírica. Em princípio, a verificação lógica não coloca muitos problemas: qualquer desenvolvimento lógico é legítimo desde que seja coerente; por outras palavras, se satisfaz o princípio de não-contradição em que assenta a ciência lógica. As dificuldades surgem quando se trata de especificar o princípio de verificação empírica: quando podemos dizer que um enunciado é empiricamente significante, que tem valor de experiência sensível? Dois pontos de vista são possíveis:
   1. Um enunciado é empiricamente significante se e somente se for imediatamente observável.
      Este princípio é contraditório. Considere-se o enunciado x «todos os gatos são cinzentos». Este enunciado, ou proposição A, não é evidentemente observável: quem pode observar todos os gatos da história? Todavia, o enunciado ~x «existe pelo menos um gato que não é cinzento» é imediatamente observável: basta ver um gato preto, por exemplo. Este segundo enunciado, ou proposição O, é o contraditório do primeiro. Portanto, se ~x é empiricamente significante, ~x é verdadeiro ou falso. Se ~x é verdadeiro, então x é falso. Se x é falso, então x é empiricamente significante. Ora, acabámos de dizer que o enunciado x, de tipo A, não pode ser empiricamente

significante. Por conseguinte, é necessário encontrar outro critério de verificação empírica.

2. Um enunciado é empiricamente significante se e somente se for imediatamente refutável.
Ora, este princípio é também contraditório. Considere-se o enunciado x «todos os gatos são cinzentos». Este enunciado, ou proposição A, é imediatamente refutável: basta encontrar um gato preto. É, portanto, empiricamente significante. Todavia, o enunciado ~x «existe pelo menos um gato que não é cinzento» não é imediatamente refutável, pois menciona um facto, e não é possível refutar um facto. O segundo enunciado ~x, ou proposição O, é o contraditório do primeiro e não é empiricamente significante. Ora, se x é empiricamente significante, é verdadeiro ou falso. Se x é verdadeiro, ~x é falso. Se ~x é falso, ~x é empiricamente significante. Ora, isto é impossível, como acabámos de assinalar.
Façamos o balanço, o primeiro critério (observável) ajusta-se mal às proposições A e E, ao passo que o segundo critério (refutável) ajusta-se mal às proposições I e O. Além disso, é impossível combinar estes dois critérios, que são fundamentalmente contraditórios.

2. *A ornitologia de gabinete*
C. G. HEMPEL, em *Aspects of Scientific Explanation and Other Essays in The Philosophy of Science* (Nova Iorque, The Free Press, 1965), propõe um célebre paradoxo que aparece como uma nova dificuldade séria para os filósofos do Círculo de Viena apostados em criar um saber unificado em que o conteúdo das proposições depende da experiência sensível e em que a disposição dessas proposições, as teorias científicas, depende da lógica formal. HEMPEL mostra que este projecto do empirismo lógico conduz a certos impasses, entre os quais o seguinte: considere-se uma lei zoológica: «Todos os corvos são negros»: «$\forall x\ (Cx \Rightarrow Nx)$», ou proposição A (universal afirmativa). O empirista que admite apenas a experiência e a lógica passeia pelo campo para observar um máximo de corvos e verificar esta lei. Mas, como aceita a lógica, tem de aceitar que a proposição contraposta «Tudo o que não é negro é não-corvo», «$\forall x\ (\sim Nx \Rightarrow \sim Cx)$» ou proposição A, é equivalente, o que significa que qualquer verificação da contraposta é uma verificação da proposição inicial. Assim, cada vez que vejo um objecto não-negro e não-corvo, verifico a lei zoológica «todos os corvos são negros».
Graças ao empirismo lógico, podemos assim fazer ornitologia de gabinete e dissertar sobre esses pequenos voláteis encantadores que são os corvos sem nunca ter visto um único.
Terminemos, todavia, com esta interessante reflexão do lógico AYER, que salienta que este paradoxo não o é verdadeiramente. Mais exactamente, é um paradoxo porque vivemos num universo em que os corvos negros são muito minoritários relativamente aos outros objectos. Mas a verificação da

contraposta, que parece absurda no caso do nosso universo, seria legítima e sensata num universo em que 95% dos objectos fossem corvos negros.

3. *O estatuto dos termos teóricos*
Em *The Methodological Character of Theoretical Concepts* (Minnesota Studies in the Philosophy of Science, vol. I, Minneapolis, University of Minnesota Press, 1956, pp. 38-76), Rudolf CARNAP, membro activo do Círculo de Viena, propõe alguns princípios para a construção de uma linguagem rigorosa baseada unicamente na lógica e na experiência para formular as teorias científicas. A primeira dificuldade a resolver diz respeito à utilização frequente de termos teóricos ou abstractos em ciência. Esta usa termos observacionais ou empíricos tais como célula, planeta, trajectória; e termos teóricos como gravitação, neutrão, pressão, etc. Para respeitar o princípio do empirismo, é necessário eliminar todos os termos teóricos, ou seja, defini-los a partir dos termos observacionais. É preciso, portanto, começar por estabelecer uma lista dos termos teóricos e uma lista dos termos observacionais. O lógico Hilary PUTNAM considera que esta primeira operação é impossível e que a distinção entre termo teórico e termo observacional é ilusória. Com efeito, existem poucos termos observacionais aos quais não podemos dar uma significação teórica. Por outras palavras, a maioria dos termos observacionais designa alternadamente propriedades observáveis e propriedades inobserváveis. Inversamente, termos tais como dor, fome, angústia, são inobserváveis, mas é difícil pensar que correspondem a noções teóricas vazias e destituídas de qualquer interesse científico. E que pensar do termo «micróbio»? É um termo teórico antes da invenção do microscópio electrónico e observacional a partir dessa invenção. Por conseguinte, o empirismo revela-se dependente de dados históricos e culturais. A referência exclusiva aos dados sensíveis é um mito e o empirismo lógico é, portanto, forçado a relativizar «sensivelmente» os seus princípios de base.

4. *A implicação lógica*
Já mencionámos algumas dificuldades inerentes a esta operação lógica, que também coloca questões aos empiristas. Lembremos que um enunciado é empiricamente significante se depende da experiência sensível, podendo ser verdadeiro ou falso. Só os enunciados que têm sentido são verdadeiros ou falsos. A partir deste princípio, podemos fazer o seguinte raciocínio: «se Deus é amor, dois mais dois são quatro». Um enunciado molecular do tipo $P \Rightarrow Q$ é uma função de verdade que adquire o valor «verdadeiro» sempre que o antecedente é falso ou que o consequente é verdadeiro. No exemplo citado, o consequente é verdadeiro. Portanto, o enunciado molecular é verdadeiro; logo, é empiricamente significante, ou seja, depende da experiência sensível. A teologia entra no universo do empirismo lógico!

Capítulo 4

As lógicas não-clássicas

INTRODUÇÃO

As lógicas até aqui estudadas são lógicas clássicas, ou seja, binárias: só conhecem dois valores de verdade – o verdadeiro e o falso. Para muitos autores, esta especificidade da lógica clássica parece redutora e inadaptada às ciências modernas, e assim, no decurso do séc. XX, propuseram novos sistemas lógicos mais flexíveis e mais matizados. Estes desenvolvimentos operam-se principalmente em quatro direcções:

1. *A lógica modal integra as noções de possibilidade e de necessidade (unidade I).*
2. *As lógicas plurivalentes utilizam valores diferentes do verdadeiro e do falso.*
3. *As lógicas enfraquecidas afastam certos princípios lógicos aparentemente discutíveis.*
4. *As lógicas específicas como a lógica deontológica, a lógica do tempo, a lógica dialéctica (a unidade II menciona as três últimas orientações).*

Estas novas lógicas fornecem por vezes soluções para problemas clássicos, mas levantam muitas outras dificuldades e alguns criticam-nas por serem um mero jogo gratuito sem qualquer alcance prático. Os seus defensores afirmam que se trata de uma porta aberta para uma flexibilização da lógica binária e para um alargamento da racionalidade tradicional.

1 A LÓGICA MODAL

1.1 Objectivos

O estudo deste parágrafo permitirá:

1. Compreender a noção de modalidade.
2. Dominar o quadrado lógico das proposições modais. Este estudo da lógica modal não ultrapassará este estádio elementar. Com efeito, o estudo dos silogismos modais presta-se a equívocos e a interpretações contraditórias, porque os pressupostos metafísicos do método superam rapidamente as considerações puramente lógicas.

1.2 Termos-chave

Lógica não-clássica – modalidade – modalidade *de re* – modalidade *de dicto* – necessário – apodíctico – contingente – possível – impossível – problemático – disposicional.

1.3 Teoria

1.3.1 *Generalidades*

Em lógica, a proposição modal é uma proposição que especifica o tipo de ligação entre o predicado e o sujeito: «O homem é necessariamente bom», «O homem é possivelmente bom». Considera-se, portanto, que a modalidade incide na cópula. Se a modalidade incidisse no objecto ou no predicado, não existiria lógica modal, uma vez que as proposições seriam então assertórias. Infelizmente, não é isso que sucede e é preciso determo-nos um pouco no universo encantado das modais.

Comecemos por uma distinção: a modalidade *de re* incorpora a modalidade na própria proposição: «O lógico é necessariamente inteligente»; ao passo que a modalidade *de dicto* a atribui à proposição no seu todo: «É necessário que o lógico seja inteligente». Doravante, admitiremos que estas duas modalidades são equivalentes e formularemos a modalidade na forma *de dicto*. Assinalemos, porém, que uma tal simplificação é um pouco abusiva.

1.3.2 *As diferentes modalidades*

Aristóteles distingue dois modos: *o necessário*, ou aquilo que não pode não ser; e *o contingente*, ou aquilo que não é necessário, ou seja, aquilo que pode ser ou não ser.
Segundo ele, existem portanto dois tipos de proposições modais:

1. As necessárias ou apodícticas: «é necessário que os homens raciocinem».
2. As contingentes ou não necessárias ou possíveis ou problemáticas: «é possível que o Pedro seja bom», «é contingente que o meu automóvel seja vermelho».

Os escolásticos distinguem quatro modalidades:

1. A possibilidade: o que pode ser (*POSSE ESSE*): «é possível que a porta esteja aberta».
2. A impossibilidade: o que não pode ser *(NON POSSE ESSE)*: «é impossível que Pedro seja perfeito».
3. A contingência: o que pode não ser *(POSSE NON ESSE)*: «é contingente que o Pedro esteja vivo».
4. A necessidade: o que não pode não ser *(NON POSSE NON ESSE)*: «é necessário que os lógicos sejam inteligentes».

Ora, a distinção dos escolásticos é idêntica à de Aristóteles se admitirmos as seguintes equivalências: «impossível = não necessário» e «contingente = possível». Será útil reter que o modo contingente significa «possível» para Aristóteles e «não possível» para os escolásticos.

Para se poder lidar melhor com estas modalidades, será útil traduzi-las nos formalismos da lógica moderna.

- Seja:
  $\Box\, p$ = *necessariamente p*
  $\Diamond\, p$ = *possível p*
  $\sim p$ = *não p*
- *podemos então formar:*
  $\sim \Box\, p$ = *não necessário p*
  $\sim\Diamond\, p$ = *não possível p*
  $\Box \sim p$ = *necessário não p*
  $\Diamond \sim p$ = *possível não p*

– *A lógica moderna estabelece as seguintes equivalências:*

$\Box p = \sim\Diamond\sim p$	necessário p = não possível não p	*NON POSSE NON ESSE*
$\Diamond p = \sim\Box\sim p$	possível p = não necessário não p	*POSSE ESSE*
$\sim\Box p = \Diamond\sim p$	não necessário p = possível não p	*POSSE NON ESSE*
$\sim\Diamond p = \Box\sim p$	não possível p = necessário não p	*NON POSSE ESSE*

As quatro modalidades podem também ser exprimidas a partir da possibilidade:

necessidade	= não possível não	= *non posse non esse* = $\Box = \sim\Diamond\sim$
possibilidade	= possível	= *posse esse* = $\Diamond$
contingência	= possível não	= *posse non esse* = $\sim\Box = \Diamond\sim$
impossibilidade	= *não possível*	= *non posse esse* = $\sim\Diamond$

Não é preciso memorizar estes quadros; basta reter as duas equivalências seguintes:

$$\Box = \sim\Diamond\sim$$
$$\Diamond = \sim\Box\sim$$

1.3.3 *Classificação das proposições modais*

Em qualquer proposição modal existem dois elementos:

1. O *dictum* ou a própria afirmação, que atribui um predicado a um sujeito: «os portugueses são corajosos».
2. O *modus*, que exprime a modalidade ou o tipo de relação que existe entre esse sujeito e esse predicado: «é possível que os portugueses sejam corajosos».

Tal como para as proposições simples (assertórias), efectuamos uma classificação segundo *a qualidade* e *a quantidade*, sabendo que:

1) No que respeita à qualidade, a negação pode incidir quer sobre o *modus*, quer sobre o *dictum*: «não é possível que o Pedro seja inteligente» (negação do *modus*), «é possível que os marcianos não existam» (negação do *dictum*).

	MODUS	*DICTUM*
1)	+	+
2)	+	–
3)	–	+
4)	–	–

Cada uma destas quatro possibilidades é válida para cada modalidade, o que nos dá 16 possibilidades de proposições modais.

2) No que respeita à quantidade, felizmente as coisas são mais simples! Com efeito, a quantidade de uma modal depende da extensão do dictum, a qual é função da modalidade. Assim, a impossibilidade e a necessidade são modos universais, uma vez que o necessário vale para todos (universal afirmativa) e o impossível não vale para nenhum (universal negativa). Do mesmo modo, o possível vale para alguns (particular afirmativa) e o contingente pode não dizer respeito a alguns (particular negativa). Portanto, nada muda e continuamos com 16 proposições modais (já não é assim tão mau!)

		MODUS	*DICTUM*	
I	1. possível	+	+	é possível que o macaco seja ágil
	2. impossível	+	+	é impossível que o automóvel seja vermelho
	3. contingente	+	+	é contingente que a porta esteja aberta
	4. necessário	+	+	é necessário que os lógicos sejam inteligentes
II	5. possível	-	+	não é possível que o macaco seja ágil
	6. impossível	-	+	não é impossível que o automóvel seja vermelho
	7. contingente	-	+	não é contingente que a porta esteja aberta
	8. necessário	-	+	não é necessário que os lógicos sejam inteligentes
III	9. possível	+	-	é possível que o macaco não seja ágil
	10. impossível	+	-	é impossível que o automóvel não seja vermelho
	11. contingente	+	-	é contingente que a porta não esteja aberta
	12. necessário	+	-	é necessário que os lógicos não sejam inteligentes

IV 13. possível	- -	não é possível que o macaco não seja ágil
14. impossível	- -	não é impossível que o automóvel não seja vermelho
15. contingente	- -	não é contingente que a porta não esteja aberta
16. necessário	- -	não é necessário que os lógicos não sejam inteligentes

1.3.4 *Equivalência das proposições modais*

Quando construímos a tabela da classificação das modalidades, verificamos que «não possível não» equivale a «necessário», o que significa que a proposição n.° 13 é do mesmo tipo que a proposição n.° 4. Do mesmo modo «não possível» equivale a «impossível» (a n.°5 equivale à n.°2). Podemos assim reunir as 16 proposições em 4 categorias de equivalência, que correspondem às 4 modalidades escolásticas. Cada modalidade corresponde a um «nome de código» fixado pelos lógicos escolásticos. As letras correspondem a métodos técnicos de tratamento de modalidades que não analisamos no âmbito deste estudo.

PURPUREA = necessidade

ILIACE = impossibilidade

AMABIMUS = possibilidade

EDENTULI = contingência

1.3.5 *A oposição das proposições modais*

O que é necessário aplica-se a todos, e o que é impossível não se aplica a ninguém. O que é necessário é, portanto, um universal afirmativo (proposição A), e o que é impossível é um universal negativo (proposição E). O que é possível aplica-se a alguns, e o que é contingente pode não se aplicar a alguns. O que é possível é, portanto, um particular afirmativo (proposição I), e o que é contingente é um particular negativo (proposição. O).

Assim, as 16 proposições modais podem ser reduzidas a 4 grupos, aos quais corresponde um quadrado de oposições modais que obedece às mesmas regras lógicas que o quadrado das oposições assertórias.

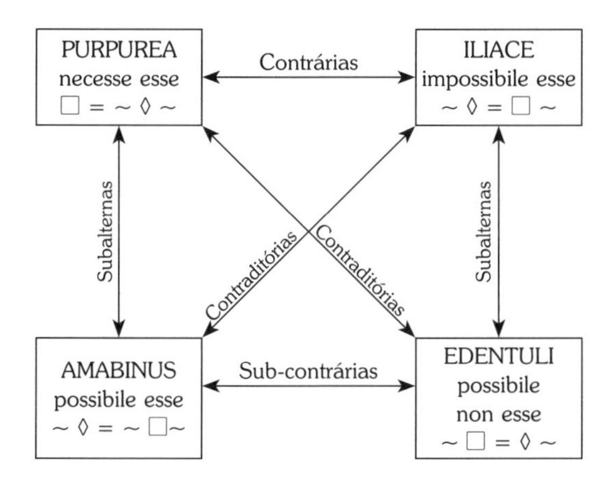

Exemplos: «é possível que o automóvel seja verde» e «é necessário que o automóvel não seja verde» são contraditórias. «Não é possível que o automóvel seja vermelho» e «não é possível que o automóvel não seja vermelho» são contrárias. «É impossível que o automóvel seja vermelho» e «é necessário que o automóvel seja vermelho» são contrárias. «Não é impossível que o lápis seja amarelo» e «não é impossível que o lápis não seja amarelo» são subcontrárias. Do mesmo modo, uma vez que «não impossível» = «possível» e que «não impossível não» = «possível não» = «contingente», «é possível que o lápis seja amarelo» e «é contingente que o lápis seja amarelo» são subcontrárias.

1.4 Exercícios

1. Determinar os opostos da seguinte proposição e os seus equivalentes: «é necessário que a Primavera volte».

Resposta

Contraditória: Não é necessário que a Primavera volte.
ou É possível que a Primavera não volte.
ou Não é impossível que a Primavera não volte.
ou É contingente que a Primavera volte.

Contrária: É necessário que a Primavera não volte.
ou Não é possível que a Primavera volte.
ou É impossível que a Primavera volte.
ou Não é contingente que a Primavera não volte.

Subalterna: Não é necessário que a Primavera não volte.
ou É possível que a Primavera volte.
ou Não é impossível que a Primavera volte.
ou É contingente que a Primavera não volte.

2. Determinar os opostos da seguinte proposição: «é impossível que o amor não exista».

Resposta

Contraditória: é possível que o amor não exista.

Contrária: É necessário que o amor não exista.

Subalterna: é possível que o amor exista (AMABIMUS)
ou É contingente que o amor não exista.
ou Não é impossível que o amor exista.
ou Não é necessário que o amor não exista.

3. Idem: «é contingente que certos Verões sejam tórridos».

Resposta

Contraditória: É necessário que alguns Verões sejam tórridos.

Subcontrária: É possível que certos Verões sejam tórridos.

Subalterna: É impossível que certos Verões sejam tórridos.

As respostas dos exercícios seguintes encontram-se no fim do livro.

4. Idem. É possível que certas raparigas sejam bonitas.

5. Idem: Não é possível que os gatos não sejam verdes.

6. Idem: É necessário que o cão não seja mau.

7. Idem: não é impossível que o inventor da lógica modal não fosse excêntrico.

1.5 Contextualização científica

Do caracter incómodo da modalidade

Já não é muito fácil elaborar uma filosofia do ser, daquilo que é, mas as coisas complicam-se ainda mais quando se trata de elaborar uma filosofia do possível. Os dois exemplos que se seguem mostram que a utilização da modalidade conduz muitas vezes a impasses. O primeiro exemplo diz respeito aos empiristas, que pretendem limitar o conhecimento à lógica e à experiência; o segundo diz respeito à metafísica, que, pelo contrário, afirma que o conhecimento pode ir para além da experiência sensível.

1. Os empiristas afirmam que todo o conhecimento deve ser reduzido à experiência sensível e à lógica, o que significa que um enunciado só tem sentido quando o seu predicado é observável. No entanto, GOODMAN mostrou que este princípio não é válido para os predicados disposicionais, ou seja, os predicados que exprimem possibilidades. São todos os termos em «ável», «úvel», «ível», como flexível, solúvel, permeável... Os predicados disposicionais não são verificáveis, uma vez que representam

possibilidades, e só podemos verificar e observar actualidades. Para verificar que determinado pedaço de açúcar é solúvel, tenho de eliminar esta «propriedade-possibilidade», dado que o açúcar dissolvido não é evidentemente solúvel. R. DESCARTES (1596-1650), no célebre texto sobre o pedaço de cera, descreveu bem o problema: quando dizemos que o pedaço de cera é mutável, dizemos que é susceptível de adquirir uma infinidade de formas que a imaginação não pode representar. A verificação empírica da passagem de uma forma a outra não é, evidentemente, a verificação de uma infinidade de formas possíveis. Verificar o possível significa actualizá-lo, quer dizer, eliminá-lo enquanto possível. A crítica de GOODMAN é tanto mais pertinente porquanto se supõe que qualquer predicado é fundamentalmente disposicional.

2. Os metafísicos também não escapam às ambiguidades da modalidade. Citemos, por exemplo, Tomás de AQUINO, que, na sua *Suma Teológica* (1, 2, 3), desenvolveu 5 vias para chegar a Deus. A 3.ª via parte da ideia de que tudo o que existe no mundo é contingente, a saber: que isso poderia não ser. Ora, a noção de contingência implica a de necessidade, a saber: que não pode não ser. Assim, a contingência deste mundo implica um ser necessário. A isto respondem os empiristas que os predicados contingentes, necessários, possíveis e impossíveis são predicados modais que podemos aplicar a enunciados e não a realidades existentes. Não posso dizer que a Torre de Pisa é possível ou não possível, porque então ela não existe em ambos os casos. Posso, no entanto, afirmar que as premissas de um silogismo são possíveis e que a conclusão é necessária.

2 LÓGICAS PLURIVALENTES, ENFRAQUECIDAS, ESPECÍFICAS

2.1 Objectivos

O estudo desta unidade permitirá:

1. Ter uma ideia geral e teórica acerca da existência das lógicas não--clássicas, ou seja, não-binárias.
2. Perceber que é possível alargar consideravelmente o domínio da lógica clássica para aumentar o impacto da racionalidade.
3. Compreender que este esforço levanta muitos problemas técnicos, que não sabemos ainda se são acidentais e passageiros ou fundamentalmente específicos ao método lógica.

2.2 Termos-chave

Lógica não-clássica – lógica plurivalente – lógica enfraquecida – lógica trivalente – lógica probabilística – lógica intuicionista – lógica temporal – lógica dialéctica – lógica das normas.

2.3 Teoria

2.3.1 *A lógica trivalente de LUKASIEWICZ*

Em 1920, Lukasiewcz rejeita a bivalência (verdadeiro-falso) para poder tratar das proposições do género «O Pedro sairá amanhã». Esta proposição não é verdadeira nem falsa, mas neutra, e Lukasiewicz atribui-lhe o valor 1/2, o que nos dá um cálculo trivalente, uma vez que existem agora três valores possíveis de verdade 1, 1/2, 0.

a Tabela de verdade da negação

	P	~P	
(verdadeiro)	1	0	(falso)
(neutro)	1/2	1/2	(neutro)
(falso)	0	1	(verdadeiro)

O valor 1/2 para o neutro parece um pouco arbitrário, tal como o valor 1/2 para a negação do neutro. Esta escolha parece indicada por razões de pura simetria: 1/2 está tão longe do verdadeiro (1) quanto do falso (0).

b Tabela de verdade de $\wedge$, $\vee$, $\Rightarrow$, $\Leftrightarrow$

p	q	$p \vee q$	$p \wedge q$	$p \Rightarrow q$	$p \Leftrightarrow q$
1	1	1	1	1	1
1	1/2	1	1/2	1/2	1/2
1	0	1	0	0	0
1/2	1	1	1/2	1	1/2
1/2	1/2	1/2	1/2	1	1
1/2	0	1/2	0	1/2	1/2
0	1	1	0	1	0
0	1/2	1/2	0	1	1/2
0	0	0	0	1	1

Quando p vale 1/2, $\sim p$ vale 1/2 segundo a tabela de verdade da negação. Portanto, o princípio de não-contradição $\sim(p \wedge \sim p)$ tem o valor 1/2 segundo a lógica trivalente da conjunção. A lógica trivalente de Lukasiewcz arruina, portanto, o princípio de não-contradição, que é uma lei lógica (1) na lógica clássica.
A tabela de verdade da disjunção assenta no princípio clássico de que a disjunção assume o valor de verdade da variável mais forte.
No que respeita à implicação, é verdadeira sempre que o antecedente tem um valor igual ou inferior ao consequente. A implicação $(1/2 \Rightarrow 0)$ vale 1/2.

A equivalência está construída segundo a definição clássica:

$$(p \Leftrightarrow q) \Leftrightarrow ((p \Rightarrow q) \wedge (q \Rightarrow p)).$$

Vimos que a lógica clássica assenta em três princípios:

1. O princípio de identidade: $p \Rightarrow p$
   ou $p \Leftrightarrow p$.
2. O princípio do terceiro-excluído: $\sim p \vee p$.
3. O princípio de não-contradição: $\sim(p \wedge \sim p)$.

A sua equivalência é facilmente verificável através da tabela de verdade.

$$(p \Rightarrow p) \equiv (\sim p \vee p) \equiv \sim(p \wedge \sim p).$$

No sistema de Lukasiewcz, esta equivalência já não existe: o próprio sistema recusa o princípio do terceiro-excluído, uma vez que existem 3 valores possíveis de verdade, e acabámos de ver que o princípio de não-contradição já não tinha o valor 1. Tudo isto leva a pensar que o princípio de identidade é o mais fundamental dos três, já que resiste aos diferentes tipos de lógica. Notemos também que, para os valores 0 e 1, os resultados são idênticos aos da lógica bivalente, que não é, portanto, contradita, mas apenas «enfraquecida» pela lógica trivalente.

Existem outras lógicas do mesmo género, trivalentes ou polivalentes, construídas a partir do sistema bivalente. O lógico russo BOCHVAR imagina também um terceiro valor, não situado a igual distância entre o verdadeiro e o falso, mas para além do falso: é o absurdo, ou arqui-falso. Combinando a lógica de LUKASIEWCZ com a de BOCHVAR, obtemos uma lógica quadrivalente: verdadeiro, problemático, falso e absurdo (sem sentido).

2.3.2 *A lógica probabilística*

Suscitada por BOOLE e DE MORGAN, foi desenvolvida a partir de 1934 por REICHENBACH. Esta lógica admite uma infinidade de valores entre o falso (0) e o verdadeiro (1). Uma vez fixados certos valores, é preciso recorrer a regras que rejam a construção das tabelas de verdade. Lukasiewcz propõe quatro leis para os operadores fundamentais quando os valores de verdade das proposições são fracções compreendidas entre 0 e 1.

1. Negação: $\sim p = 1 - p$.
2. Implicação: se $p \leq q$, $p \Rightarrow q = 1$

   se $p > q$, $p \Rightarrow q = 1 - p + q$.
3. Conjunção: valor da componente mais fraca.
4. Disjunção: valor da componente mais forte.

É fácil verificar que encontramos os valores da lógica trivalente de Lukasiewcz quando aplicamos estas regras com os valores 1, 1/2, e 0 para p e q. Seria, todavia, demasiado rápido assimilar pura e simplesmente esta lógica ao cálculo das probabilidades. As analogias são muitas, mas existem diferenças importantes: o cálculo das probabilidades não conhece a implicação e a probabilidade condicional (p se q) não tem equivalente na lógica das proposições. Não existe, portanto, isomorfismo entre a lógica infinivalente e o cálculo das probabilidades.

2.3.3 *As lógicas enfraquecidas*

São lógicas «mais fracas» do que a lógica clássica, porque utilizam menos operadores ou porque estes lhes atribuem um sentido diferente. Na lógica clássica, por exemplo, a dupla negação equivale a uma afirmação: $\sim\sim p = p$; alguns lógicos consideram que $\sim\sim p$ é equivalente a $\sim p$ e outros pensam que $\sim\sim p$ é um reforço de $\sim p$. Estas interpretações diferentes eliminam ou modificam certos axiomas fundamentais da lógica clássica.
A lógica intuicionista de HEYTING é a mais célebre das lógicas enfraquecidas. Foi elaborada em 1930 para servir de fundamento aos trabalhos de BROUWER sobre a matemática, que, para este autor, é uma construção cuja existência e estatuto dependem da intuição. A existência de uma entidade matemática não é, portanto, a sua conformidade com o princípio de não-contradição. A alternância do verdadeiro e do falso como valores contraditórios é um postulado gratuito. Com efeito, é necessário distinguir a falsidade, que decorre da não-existência, da falsidade ou absurdidade, que decorre da impossibilidade de existência. Estes dois tipos de falsidades exprimem-se por duas negações que não possuem o mesmo estatuto. O falso por demonstração não é o falso por verificação. Assim, a não-absurdidade não implica necessariamente a verdade. Por conseguinte, a lógica intuicionista de Heyting aceita o princípio de não-contradição, mas unicamente entre o possível e o impossível e não entre o verdadeiro e o falso, uma vez que o não-falso não implica o verdadeiro. Entende-se, pois, que os axiomas do terceiro-excluído e a dupla negação não sejam admitidos nesta lógica que utiliza uma infinidade de valores de verdade.

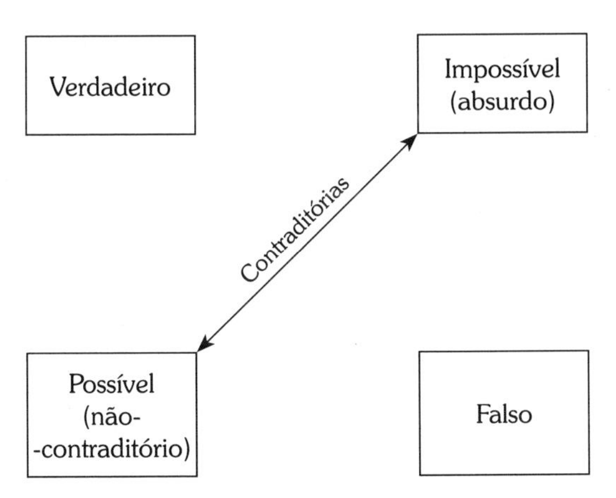

Possível e impossível são contraditórios.
Aquilo que é verdadeiro é possível (mas não reciprocamente).
O que é impossível é falso (mas não reciprocamente).

No entanto, a lógica de Heyting dá a impressão de misturar considerações lógicas e considerações metafísicas.

2.3.4 *As lógicas temporais*

Uma das características fundamentais da lógica até aqui estudada é a exclusão do tempo. Em geral, a lógica e as ciências formais não integram a temporalidade. A comutatividade da conjunção

$$((p \wedge q) \Leftrightarrow (q \wedge p)),$$

lei lógica clássica, perde o sentido quando é formulada numa linguagem natural que faz intervirem noções temporais de antes e depois. Com efeito, «eu dispo-me *e* mergulho na piscina» não é equivalente a «mergulho na piscina *e* dispo-me». G. W. F. HEGEL (1770-1831) era muito severo em relação à lógica formal clássica, muito dada ao domínio do estático, do inerte e do morto, e muito inábil no domínio do movimento, da evolução e da vida. Os célebres paradoxos de ZENÃO DE ELEIA (século V a.C) não são sofismas; denunciam os limites da razão lógica quando esta pretende explicar o movimento da flecha ou a corrida de Aquiles contra a Tartaruga. Este limite da razão lógica foi longamente analisado por H. BERGSON (1859-1941) em *A Evolução Criadora* (1907): a inteligência é espacializante, recorta o espaço, fixa classes ao lado de outras classes, define zonas, recorta o movimento contínuo em fatias descontínuas, reduz o tempo a pedaços de espaço para tentar inabilmente dominar uma realidade que lhe escapa sempre.
Apesar destas dificuldades de princípio, os lógicos tentaram construir lógicas temporais. A primeira tentativa parte da lógica modal; com efeito, as noções de necessidade e de impossibilidade têm um «bafio» de eternidade, ao passo que as noções de possibilidade e de contingência têm um «bafio» de historicidade, de princípio e fim. A partir desta intuição, o filósofo árabe AVERRÓIS (1126-1198) imaginou um quadrado das oposições temporais análogo ao quadrado das oposições modais. Esta primeira abordagem já permite formular alguns raciocínios elementares que fazem intervir o factor «tempo», uma vez que os mecanismos clássicos do quadrado das oposições são aqui aplicáveis.

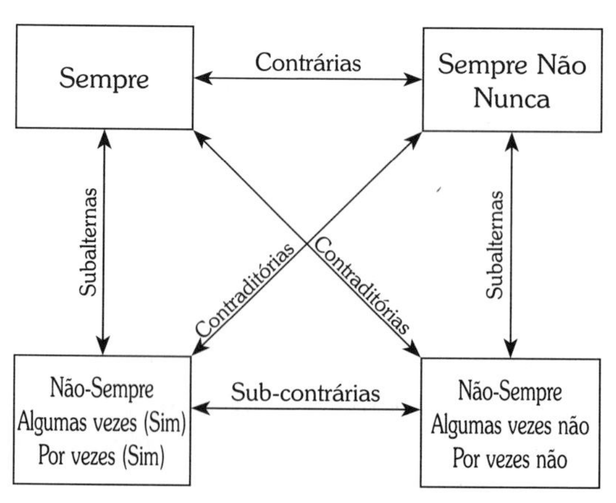

Os primeiros sistemas de lógica simbólica temporal datam, todavia, da segunda metade do século XX e inspiram-se em processos da linguagem natural para exprimir o tempo, quer dizer:

1. os tempos gramaticais: passado, presente, futuro.
2. a datação.
3. as preposições e advérbios que marcam o tempo: antes, depois...

As lógicas temporais vão desenvolver-se nestas três direcções.

a As lógicas do tempo gramatical

Nas línguas indo-europeias existem três tempos fundamentais: passado, presente e futuro. Podemos, portanto, admitir os seguintes símbolos:

- Acontece agora (presentemente) que p: p. Consideramos aqui que o presente corresponde à lógica intemporal clássica.
- Acontecerá um dia que p: Fp (futuro p).
- Aconteceu um dia que p: Pp (passado p).

Podemos ainda fixar a distância temporal admitindo uma unidade de tempo *n*.

- Acontecerá daqui a *n* unidades de tempo que p: Fnp.
- Aconteceu há *n* unidades de tempo que p: Pnp.

Acrescentemos ainda:

- Acontecerá sempre que p: Gp.
- Aconteceu sempre que p: Hp.

Estes poucos princípios de base, combinados com os sistemas clássicos de axiomas da lógica proposicional, permitem construir sistemas de axiomas de lógica simbólica temporal (PRIOR, 1957, LEMMON, 1965).

b As lógicas da datação

As línguas indo-europeias fazem também intervir a noção de tempo ao fixarem datas às proposições. Este método quantitativo possui já em si a sua própria lógica. Na expressão «O Pedro casou-se a 24 de Julho de 1965» existe uma proposição p: «O Pedro casou-se» e uma indicação temporal: «a 24 de Julho de 1965», que podemos considerar um operador proposicional que tem por argumento a proposição p. Enquanto que a lógica dos tempos gramaticais funciona a partir de dois novos operadores (o operador F e o operador passado P), a lógica da datação integra um número indefinido de novos operadores. Estas lógicas foram desenvolvidas por RESCHER e GARSON a partir de 1968.

c As lógicas dos termos temporais

O tempo também pode ser exprimido pelas proposições ou advérbios como «ontem», «amanhã», «de seguida», «e depois», «desde», «até». Houve lógicos que construíram lógicas escolhendo dois termos, preposição ou advérbio, para os transformarem em dois operadores que são associados aos operadores clássicos para construirem uma lógica do tempo. Exemplos:

1. «Acontecerá no momento seguinte que p» e «aconteceu no momento precedente que p» – D. SCOTT.
2. «Outrora p» e «Depois q» – G. ANSCOMBE.
3. «Agora p» e «depois q» – G. H. von WRIGHT.

Nota: Apesar das severas críticas de HEGEL contra o caracter coagulado da lógica formal, o lógico polaco ROGOWSKI propôs, em 1964, uma lógica formal do devir dialéctico de HEGEL. À partida, HEGEL coloca a afirmação do ser e do nada (não-ser). Isto permite pensar o devir como nada que passa ao ser (aparição) ou como ser que passa ao nada (desaparecimento). ROGOWSKI imagina então quatro operadores:

p: p é.

Np: p não é.

$\vec{N}p$: começa a acontecer que p (aparecimento)

$\vec{N}p$: deixa de acontecer que p (desaparecimento)

Foram imaginados ainda outros operadores para dar conta dos diferentes conceitos hegelianos e para evitar que o princípio de não-contradição seja uma lei lógica. O enorme trabalho de ROGOWSKI é coerente no plano formal, mas não está provado que seja adequado à lógica dialéctica de HEGEL. É um debate difícil que ultrapassa o âmbito da lógica formal...

Citemos, por último, a obra de J. L. GARDIES, *La logique du temps*, (Paris, P.U.F., 1975), que apresenta uma excelente visão de conjunto de todas estas lógicas.

d A lógica das normas

Denominada também lógica deontológica, procura tratar formalmente o universo dos enunciados éticos. O ponto de partida deste esforço é a analogia entre os enunciados normativos e os enunciados modais, que podemos ainda mostrar a partir do quadrado lógico das oposições

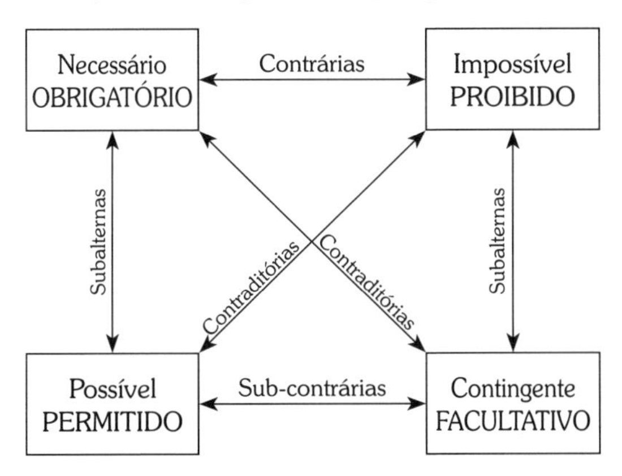

Esta analogia é o ponto de partida de muitas tentativas de formalização do discurso normativo. Devemos citar pelo menos o nome do lógico finlandês G. H. von WRIGHT, autor particularmente fecundo na matéria. Uma visão muito lata e rigorosa deste domínio complexo é fornecida por Georges KALINOWSKI em *La logique des normes* (Paris, P.U.F., 1972).

2.4 Contextualização científica

Alguns nomes da história da lógica

1 *ARISTÓTELES* (384-322 a.C.)
Relembremos que este filósofo grego, discípulo de Platão, preceptor e amigo de Alexandre, o Grande, fundador da escola peripatética, é geralmente considerado o criador da lógica natural clássica, ainda que não tenha sido o primeiro a usar a razão. A sua obra lógica, o *Organon*, é longamente estudada no capítulo 2 deste livro, na apresentação que os lógicos forjaram progressivamente desde Aristóteles até Leibniz. Certos lógicos contemporâneos têm tendência para negligenciar esta lógica natural clássica em benefício unilateral da logística moderna. Se considerarmos que a lógica está unicamente ao serviço da matemática e especialmente da informática, talvez a escolha seja compreensível. Se considerarmos que a lógica está igualmente ao serviço de uma pedagogia do raciocínio e da coerência, esta escolha é absurda, uma vez que limita a inteligência ao funcionamento mecânico de uma máquina. Acrescentemos ainda a

seguinte reflexão de Heinrich Scholz, em *Esquisse d'une histoire de la logique*, (Paris, Aubin Montaigne, 1968, p. 53): «...é preciso acrescentar que, até hoje, ainda não existe nenhuma forma válida de lógica, por mais diferente que seja da lógica formal, que não tenha nenhum ponto de ligação com este *Organon*. Admiremos, portanto, o génio com que Aristóteles soube inserir nesta obra o primeiro ensaio de lógica formal, pois a história deste enclave tornou-se num dos capítulos mais interessantes e, relativamente à ascensão iniciada com LEIBNIZ, mais monumentais de toda a história da filosofia ocidental.»

2 *Os estóicos*
Cf. a Contextualização científica do Capítulo 1, unidade 2: a lógica dos estóicos.

3 *Pedro Abelardo* (1079- 1142)
Os dez primeiros séculos da nossa era são social e militarmente muito atormentados, resultando daí um longo período de estagnação intelectual durante o qual os poucos lógicos conhecidos não passam de tímidos comentadores de Aristóteles, como Porfírio em finais do século III. Um novo período criativo começa no século XII, que assiste ao florescimento de muitos lógicos, entre os quais Pedro Abelardo, célebre professor que atraía muitos alunos à montanha de Sainte-Geneviève em Paris, tentando reconciliar a lógica e a teologia. Convencido de que a compreensão é a condição da fé, Abelardo pretende demonstrar os dogmas e tornar a Santíssima Trindade acessível à razão. Mas Abelardo é conhecido sobretudo pela paixão amorosa pela sua aluna Heloísa. Um encantador menino, Astrolábio, foi a conclusão necessária e, portanto, válida das suas premissas amorosas. Fulbert, o tio de Heloísa, zeloso de tal escândalo, empreendeu contra Abelardo querelas tão íntimas quanto mesquinhas, sobre as quais não nos demoraremos aqui. Tudo isto é contado pelo próprio Abelardo em *Historia calamitatum mearum*, cuja leitura recomendamos vivamente a todos os espíritos tristes que pensam que a Idade Média foi um período apagado, sem paixão nem inteligência.

4 *Raimundo Lúlio* (1233-1315)
Nascido na ilha de Maiorca, este eremita inventa um novo método lógico, uma espécie de álgebra de conceitos, destinado a demonstrar as verdades mais profundas para converter os pagãos. A sua obra mais célebre, *Ars Magna*, é um esboço ainda muito primitivo da automatização dos processos de raciocínio. O seu génio e a sua originalidade valeram-lhe muitos discípulos e adversários.

5 *Antoine Arnauld* (1612-1694)
Denominado o Grande Arnauld, é, juntamente com P. Nicole, o autor da *Lógica de Port-Royal* ou *A Arte de Pensar*, obra célebre que foi elaborada e corrigida durante 20 anos, entre 1660 e 1680, ultrapassando

largamente o âmbito da lógica. Esta obra trata das relações entre a lógica e a gramática, da realidade das ideias, do juízo, do método, da reflexão atenta e do pensamento escrupuloso, e tem o grande interesse de apresentar os modos de pensar de um período excepcional no plano cultural, político e religioso.

6 *G. Wilhelm Leibniz* (1646-1716)
Filósofo e matemático alemão nascido em Leipzig, Leibniz estava convencido de que existia uma ciência universal de tipo matemático, capaz de explicar *a priori* tudo quanto existe, e, por isso, empreendeu a mecanização do pensamento, substituindo termos da linguagem natural por signos ou símbolos. Efectua-se assim uma viragem capital: o raciocínio torna-se um cálculo sobre signos e é então que nasce a lógica simbólica moderna.

7 *Leonhard Euler* (1707-1783)
Matemático suíço que representa os raciocínios silogísticos através de diagramas. Considere-se o silogismo BARBARA.

Os homens são mortais.

Os gregos são homens.

Os gregos são mortais.

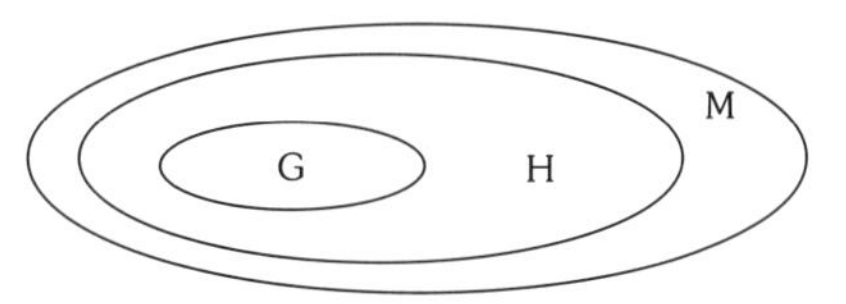

Para outros exemplos mais elaborados, consultar a unidade 4 do capítulo 2: a representação de conjunto dos silogismos.

8 *John Stuart Mill* (1806-1873)
Em *A System of Logic, Raciocinative and Inductive*, obra publicada em 1843, John Stuart Mill nega a independência de uma lógica puramente formal que funcionaria sem referência a um conteúdo. Depois de ter demonstrado que a lógica dedutiva é uma petição de princípio – uma vez que cada conclusão está sempre presente nas premissas (cf. a Contextualização científica do método axiomático, capítulo 1, unidade 5) –, desenvolve uma lógica indutiva mais fundamental do que a lógica dedutiva. A passagem intelectual do particular ao universal (indução) seria primeira e a passagem do universal ao particular (dedução) derivaria daí.

9 *George Boole* (1815-1864)
Prossegue e desenvolve o sonho de Leibniz, libertando a lógica dos debates filosóficos. Mas prefere reduzir a lógica à matemática, em vez de imaginar uma linguagem especificamente lógica. Boole reduz, por exemplo, a disjunção ao cálculo da soma e a conjunção ao cálculo do produto (cf. capítulo 1, unidade 6, a álgebra binária de Boole). Esta nova perspectiva é apresentada em 1847 na obra *The Mathematical Analysis of Logic, being an essay towards a calculus of deductive reasoning*. No mesmo ano, e com as mesmas perspectivas, surge a obra *Formal Logic*, de De Morgan, célebre pelas suas duas leis de equivalência.

10 *Gottlieb Frege* (1848-1925)
Enquanto que Boole liberta a lógica da filosofia, Frege liberta a lógica de uma redução à matemática. Em vez de traduzir as operações lógicas em operações algébricas, constrói um sistema autónomo de lógica simbólica, esperando assim dar um fundamento à matemática, maltratada pelo questionamento criado pelos paradoxos de Cantor (1829-1920). O ponto de partida do logicismo de Frege são as noções de «conceito» e de «relação»; valoriza a lógica dos predicados, introduzindo a utilização dos quantificadores. Em 1884, *Die Grundlagen der Arithmetik* é a primeira tentativa de redução da aritmética à lógica, trabalho que seria retomado por Bertrand Russell (1872-1970) em *Principia Mathematica* (1910-1913), que apresenta simultaneamente uma tradução, uma axiomatização e uma redução lógicas da matemática.

Estes poucos nomes, entre muitos outros, preparam de perto ou de longe o advento do positivismo lógico e, de uma forma mais geral, da filosofia analítica que mencionámos várias vezes nas diferentes contextualizações científicas.

Correcção dos exercícios

Introdução

1. Manobras sucessivas: o combóio (C) empurra B para o ponto Z. C puxa A e empurra-o contra B. Passando por WX, C puxa A entre XY. Passando por WX, C puxa B para o recolocar no seu lugar inicial. Passando por WX, C empurra A para Z. C pode então arrumar B no lugar inicial de A. C arruma A no lugar inicial de B.
2. Agrupar os berlindes em 3 grupos de 3. A primeira pesagem (entre grupos) indica o grupo onde se encontra a berlinde mais leve. A segunda pesagem (entre as 3 berlindes desse grupo) indica a berlinde mais leve.
3. Não há solução. Missão impossível.
4. Meias: 3.11. Luvas: 11.11.
5 A = deus da diplomacia. B = deus da mentira. C = deus da sinceridade.
6. Este género de proposição (auto-referencial) cria uma situação impossível ou paradoxal.
7. C deve concluir: eu uso um chapéu preto.
8. As duas categorias (35% e 65%) não são exclusivas. A expressão «andar menos na estrada» é tomada em dois sentidos diferentes: sentido espacial no primeiro caso e sentido temporal no segundo.

Capítulo 1

Unidade 2

A.6. J: João ama Maria. M: Maria ama João. $J \wedge \sim M$.
A.7. $\sim J \wedge \sim M$ ou $\sim(J \vee M)$
A.8. M: mesa. Q: móvel com quatro pés. $M \Leftrightarrow Q$.
A.9. R: os ratos dançam. G: os gatos dormem. $R \Rightarrow G$.
A.10. V: votar. T: ter 18 anos. $V \Rightarrow T$.
B.7. Válido.
B.8. Não-válido.
B.9. Não-válido.
B.10. Válido.
B.11. Maria: válido.
João: não-válido.
B.12. Este homem não pôde resolver este problema.

Unidade 3

B.4. M: ser magistrado. C: jogar no casino.
$(M \Rightarrow \sim C) \Leftrightarrow \sim(M \wedge C)$. Equivalência.

B.5. V: vida em Marte. A: atmosfera. S: seres vivos.
$[V \Rightarrow (A \wedge S)] \Leftrightarrow \sim[V \wedge (\sim A \vee \sim S)]$ Equivalência.

B.6. P: O Roberto janta em casa do Paulo. S: O Roberto janta em casa da Sofia.
$(p \text{ W } s) \Leftrightarrow \sim(p \Leftrightarrow s)$. Equivalência.

B.7. P: O Guy é pequeno. F: O Guy é forte.
$(\sim P \text{ W } \sim F) \Leftrightarrow (P \Rightarrow \sim F)$. Não existe equivalência.

B.8. G: A Maria é grande. B: A Maria é bela.
$(B \wedge G) \Leftrightarrow \sim(\sim G \wedge \sim B)$. Não existe equivalência.

Capítulo 2

Unidade 3

7.A. Nenhum rato é verde (E) (V) (F)
Contrária: todos os ratos são verdes (A) (F) (?)
Contraditória: alguns ratos são verdes (I) (F) (V)
Subalterna: alguns ratos não são verdes (O) (V) (?)
Conversa: nenhum (objecto) verde é um rato (E) (V) (F)
Obversa: todos os ratos são não verdes (A) (V) (F)
Contraposta: não existe contraposição.

7.B. Um mal nunca vem só (E) (V) (F)
Contrária: todos os males vêm sós (A) (F) (?)
Contraditória: alguns males vêm sós (I) (F) (V)
Subalterna: alguns males nunca vêm sós (O) (V) (?)
Conversa: nenhum (objecto) solitário é um mal (E) (V) (F)
Obversa: todos os males vêm não sós (A) (V) (F)
Contraposta: não existe contraposição.

7.C. Ninguém deve ignorar a lei (E) (V) (F)
Contrária: Todos devem ignorar a lei (A) (F) (?)
Contraditória: alguns devem ignorar a lei (I) (F) (V)
Subalterna: alguns não devem ignorar a lei (O) (V) (?)
Conversa: os (objectos) que devem ignoram a lei não são ninguém (E) (V) (F)
Obversa: todos não devem ignorar a lei (A) (V) (F)
Contraposta: não há contraposição.

7.D. A água ferve a 100° (A) (V) (F)
Contrária: a água não ferve a 100° (E) (F) (?)
Contraditória: algumas águas não fervem a 100° (O) (F) (V)
Subalterna: algumas águas fervem a 100° (I) (V) (?)
Conversa: alguns (objectos) que fervem a 100° são água (I, por acidente) (V) (?)
Obversa: a água não é não fervente a 100° (E) (V) (F)
Contraposta: os (objectos) não ferventes a 100° são «não-água» (A) (V) (F)

7.E. Todos os juristas são honestos (A) (V) (F)
Contrária: nenhum jurista é honesto (E) (F) (?)
Contraditória: certos juristas não são honestos (O) (F) (V)
Subalterna: certos juristas são honestos (I) (V) (?)
Conversa: certos honestos são juristas (I, por acidente) (V) (?)
Obversa: nenhum jurista é desonesto (E) (V) (F)
Contraposta: todos os (objectos) não-honestos são não-juristas (A) (V) (F)

7.F. Tudo o que brilha não é ouro (O) (V) (F)
Subcontrária: certos (objectos) que brilham são ouro (I) (?) (V)
Contraditória: todos os (objectos) que brilham são ouro (A) (F) (V)
Subalterna: nenhum (objecto) que brilha não é ouro (E) (?) (F)
Conversa: não há conversão possível.
Obversa: certos (objectos) que brilham são não-ouro (I) (V) (F)
Contraposta: não se contrapõem os O.

Unidade 4

13. Não há conclusão.

14. Não há conclusão.

15. Não há conclusão.

16. Certos políticos não são professores (FRESISON).

17. Não há conclusão.

18. Não há conclusão.

19. Certos frangos são criaturas que compreendem o português (DARII).

20. O Alfredo não é ingénuo (CELARENT).

21. Não-válido: duas premissas negativas.

22. Não-válido: extrapolação de «saber rir».

23. Não válido. No entanto, a conclusão «Nenhum obstáculo insuperável é um questionário» (CAMENES) é válida.

24. Válido (BAROCO).

25. Não-válido: termo médio duas vezes particular.

26. Não-válido: mal-formado + extrapolação de «filósofos».

27. Não-válido: duas premissas negativas.

28. As lendas não existem. Os licornes são lendas. Os licornes não existem (BARBARA).

29. Todos os vegetais deste jardim são vermelhos. Algumas flores são vegetais deste jardim. Algumas flores são vermelhas (DARII).

30. É possível divertirmo-nos a estudar lógica. Todos os estudantes de lógica são bebés. Alguns bebés divertem-se (DIMARIS).

31. Nenhum lógico em potência é disciplinado. Todos os meus filhos são disciplinados. Nenhum dos meus filhos será lógico. (CESARE).

32. Não há conclusão: extrapolação de «registo criminal». Impossível: a conclusão de um silogismo da 2.ª figura deve ser negativa.

33. Não há conclusão: extrapolação de «ministros». Todos aqueles que fazem longos discursos são incompetentes. Todos aqueles que fazem longos discursos são ministros. Certos ministros são incompetentes (DARAPTI).

Capítulo 3

Unidade 2

8. P: ser homem. Q: ser mulher. R: ser mãe. S: amar.
$\forall x \forall y\ [(Qx \wedge Py \wedge Rxy) \Rightarrow Sxy]$

9. R: ser mais rico. C: casar.
R Pedro Paulo $\Rightarrow$ C Lúcia Pedro

10. Cxy: x critica y. $\exists x$ (x não critica aqueles que criticam toda a gente)
$\exists x \forall y\ (\forall x\ Cyx \wedge \sim Cxy)$

11.

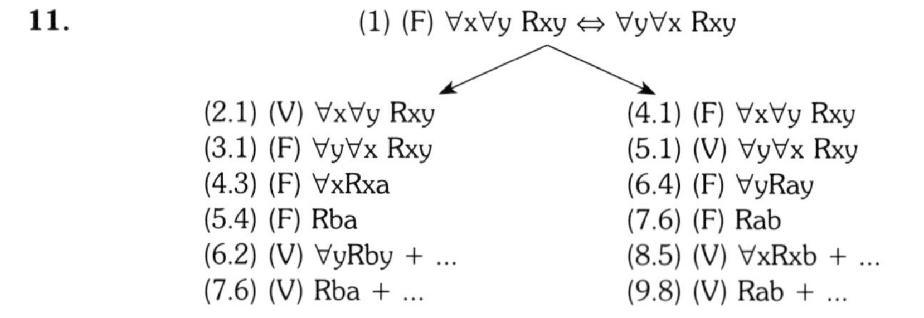

Duas decomposições contraditórias (5.4) (7.6) e (7.6) (9.8). Lei lógica.

12.

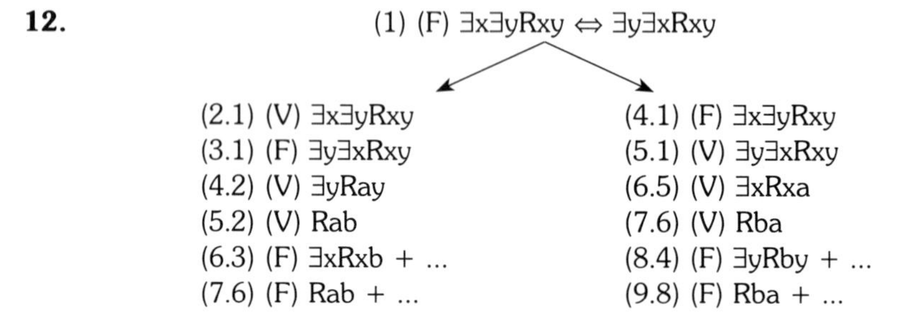

Duas decomposições contraditórias (5.2.) (7.6) e (7.6) (9.8). Lei lógica.

13.

(1) (F) $\exists x \forall y Rxy \Rightarrow \sim \forall x \exists y \sim Rxy$
(2.1) (V) $\exists x \forall y Rxy$
(3.1) (F) $\sim \forall x \exists y \sim Rxy$
(4.3) (V) $\forall x \exists y \sim Rxy$
(5.2) (V) $\forall y \sim Ray$
(6.4) (V) $\exists y \sim Ray$ + ...
(7.6) (V) $\sim Rab$
(8.7) (F) Rab
(9.5) (V) Rab + ...

Uma decomposição contraditória (8.7) (9.5). Lei lógica.

14.

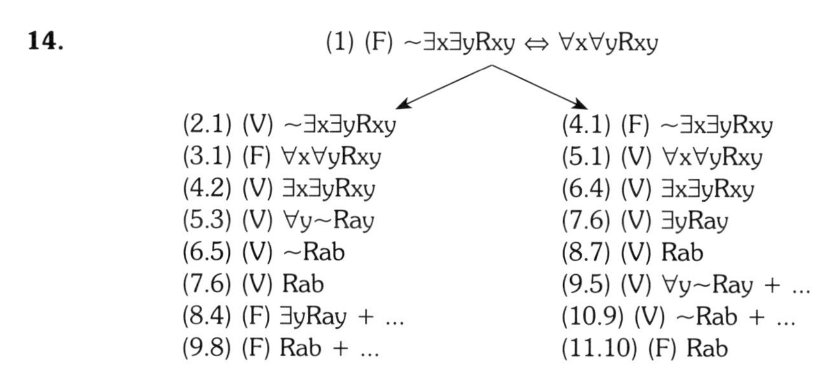

Duas decomposições contraditórias (7.6) (9.8) e (8.7) (11.10)

Capítulo 4

Unidade 1

4. É possível que certas raparigas sejam bonitas.
Contraditória: é impossível que certas raparigas sejam bonitas.
Subcontrária: é possível que certas raparigas não sejam bonitas.
Subalterna: é necessário que certas raparigas sejam bonitas.

5. Não é possível que os gatos não sejam verdes.
Contraditória: é contingente que os gatos sejam verdes.
Contrária: é necessário que os gatos não sejam verdes.
Subalterna: é possível que os gatos sejam verdes.

6. É necessário que o cão não seja mau.
Contraditória: é possível que o cão seja mau.
Contrária: é necessário que o cão seja mau.
Subalterna: é possível que o cão não seja mau.

7. Não é impossível que o inventor da lógica modal não seja excêntrico.
Contraditória: é necessário que o inventor da lógica modal seja excêntrico.
Subcontrária: é possível que o inventor da lógica modal seja excêntrico.
Subalterna: é necessário que o inventor da lógica modal não seja excêntrico.

QUADRADO LÓGICO
1 UNIVERSAL AFIRMATIVA
2 TODOS OS GATOS SÃO CINZENTOS
3 ∀X (Px ⇒ Qx)
4 SIMETRIA
TRANSITIVIDADE
REFLEXIVIDADE
5 NECESSÁRIO
□ ≡ ~ ◊ ~
6 SEMPRE
7 OBRIGATÓRIO
1 UNIVERSAL NEGATIVA
2 NENHUM GATO É CINZENTO
3 ∀X (Px ⇒ ~Qx)
4 ASSIMETRIA
INTRANSITIVIDADE
IRREFLEXIVIDADE
5 IMPOSSÍVEL
□ ~ ≡ ~ ◊
6 NUNCA
7 PROIBIDO
A
E
I
O
CONTRÁRIAS
A | E (INCOMPATIBILIDADE)
SUBALTERNAS
A → I (IMPLICAÇÃO)
SUBALTERNAS
E → O (IMPLICAÇÃO)
CONTRADITÓRIAS
CONTRADITÓRIAS
I W E
A W O (DISJUNÇÃO EXCLUSIVA)
SUBCONTRÁRIAS
I ∨ O (DISJUNÇÃO INCLUSIVA)
EIXO DA QUANTIDADE
EIXO DA QUALIDADE
1 PARTICULAR AFIRMATIVA
2 ALGUNS GATOS SÃO CINZENTOS, HÁ, PELO MENOS, UM GATO CINZENTO
3 ∃x (Px ∧ Qx)
4 NÃO-ASSIMETRIA
NÃO-INTRANSITIVIDADE
NÃO-IRREFLEXIVIDADE
5 POSSÍVEL
~ □ ~ ≡ ◊
6 ÀS VEZES SIM
7 PERMITIDO
1 DEFINIÇÃO
2 LÓGICA NATURAL
3 LÓGICA SIMBÓLICA
4 LÓGICA DAS RELAÇÕES
5 LÓGICA MODAL
6 LÓGICA TEMPORAL
7 LÓGICA DEONTOLÓGICA
1 PARTICULAR NEGATIVA
2 ALGUNS GATOS NÃO SÃO CINZENTOS, HÁ, PELO MENOS, UM GATO NÃO-CINZENTO
3 ∃x (Px ∧ ~Qx)
4 NÃO-SIMETRIA
NÃO-TRANSITIVIDADE
NÃO-REFLEXIVIDADE
5 CONTINGENTE
~ □ ≡ ◊ ~
6 ÀS VEZES NÃO
7 FACULTATIVO

Autores citados

Índice